Maria Dolores Tortosa

Semiconductores ternarios de Zno obtenidos mediante electrodeposición

Maria Dolores Tortosa

Semiconductores ternarios de Zno obtenidos mediante electrodeposición

Síntesis y caracterización

PUBLICIA

Cover image: www.ingimage.com

Publisher:
PUBLICIA
is a trademark of
International Book Market Service Ltd., member of OmniScriptum Publishing Group
17 Meldrum Street, Beau Bassin 71504, Mauritius

Printed at: see last page
ISBN: 978-3-639-55807-4

A mi tía Isabel,

INDICE

GLOSARIO

Glosario de principales abreviaturas y símbolos

AE	Electrodo auxiliar
AFM	Microscopio de fuerza atómica (Atomic Force Microscopy)
BE	Excitón ligado (Bound Exciton)
BSE	Electrones retrodispersados (Back-Scattered Electrons)
CBD	Depósito de baño químico (Chemical Bath Deposition)
CE	Contraelectrodo
CVD	Deposición química en fase con vapor (Chemical Bath Deposition)
d_{hkl}	Distancia reticular correspondiente a la familia de planos (hkl)
DMSO	Dimetilsulfóxido (Dymethilsulfoxide)
EDS	Espectroscopia de Energía Dispersiva (Energy Dispersive Spectroscopy)
E_b	Energía de enlace del excitón
E_G	Energía del gap
f_s	Flujo de solución
F	Constante de Faraday
FE	Excitón libre (Free Exciton)
FTO	Sustrato de óxido de fluor (Fluorine Tin Oxide)
FWHM	Anchura a media altura (Full Width at Half Maximum)

GOPS	Grupo de Optoelectrónica y Semiconductores
h	Constante de Plank
HOMO	Orbitales moleculares delelectrodo
ITO	Sustrato de óxido de indio (Indium Tin Oxide)
K_a	Línea de emisión correspondiente a la capa K
LUMO	Orbitales vacíos de las especies electroactivas
MBE	Epitaxia de haces moleculares (Molecular Beam Epitaxy)
MOCVD	Deposición epitaxial en fase vapor utilizando precursores órgano-metálicos
O_i	Oxígeno intersticial
Ox	Agente oxidado
O_{zn}	Defectos de cambio de sitios (anti-sites Defects)
PLD	Deposición con láser pulsado (Pulsed Laser Deposition)
PVD	Deposición física en fase vapor (Physical Vapor Deposition)
RB	Banda de luminiscencia roja (Red Band)
Red	Agente reducido
RHEED	Reflexión de difracción de electrones de alta energía (Reflection Hihg-energy electron difraction)
SEM	Microscopía electrónica de barrido (Scanning Electron Microscopy)
SG	Sol-Gel
SP	Spray Pirólisis

TCO Óxidos transparentes Conductores

T_d Tiempo de deposición

T_S Temperatura de sustrato

UV Ultravioleta

UV-Vis Ultravioleta-visible

VC Voltametría Cíclica

V_{lim} Tensión límite

V_O Vacante de oxígeno

V_{Zn} Vacante de zinc

WDS Espectroscopia dispersiva de longitud de onda (Wavelenght Dispersive Spectroscopy)

WE Electrodo de trabajo

XRD Difracción de rayos X (X-Ray Diffraction)

Zn_i Zn intersticial

ZnMO Ternarios del óxido de Zinc (M=Cd, Co, Mn)

α Coeficiente de absorción óptica

β Anchura de la media altura

λ Longitud de onda

μ Movilidad de portadores de carga

CAPÍTULO I

INTRODUCCIÓN

1. INTRODUCCIÓN

Desde el descubrimiento de las nanoestructuras de óxidos semiconductores en el año 2001 (582 citas en 4 años)[1], la investigación de óxidos funcionales basados en nanoestructuras unidimensionales se ha extendido rápidamente produciendo estructuras con geometrías diversas y utilizando técnicas de preparación muy variadas[2]. Entre los óxidos funcionales que permiten estas estructuras destaca claramente el óxido de zinc (ZnO) debido a la gran cantidad de aplicaciones posibles. Estas nanoestructuras pueden generarse mediante métodos electroquímicos, que permiten la creación de estructuras ordenadas con periodicidades en una, dos o tres dimensiones[3]. Los nuevos materiales nanoestructurados serán capaces de superar las prestaciones de los materiales clásicos accediendo a nuevas propiedades y explotando la singular sinergia que ocurre entre materiales cuando las dimensiones de la morfología y de las propiedades físicas asociadas coinciden en el dominio espacial, es decir, en la nanoescala. Estas ideas están fructificando en la aparición de nuevos conceptos de dispositivos nanoestructurados funcionales.

1.1 ZnO

El ZnO es un semiconductor del grupo II-VI con unas características que le confieren gran versatilidad para diferentes aplicaciones. Se trata de un óxido transparente, con buena conductividad, el valor del gap es de 3.2eV, cerca del ultravioleta y una energía de banda del excitón de unos 60 meV. El ZnO es un semiconductor de tipo n debido en parte a la desviación en la estequiometría, es decir, debido a la presencia de átomos Zn intersticiales (Zn_i) en gran cantidad de huecos y la presencia de vacantes de oxígeno (V_0) en la red cristalina, y por otra parte debido a la presencia de dadores como hidrógeno o aluminio. Estos defectos forman niveles dadores de unos 0.05 eV [4]. Pero la posibilidad de conseguir doparlo tipo p, del mismo modo que obtener capas epitaxiales, nanocolumnas y diferentes estructuras nanométricas han incrementado el interés en este material.

---

[1] ZL. Wang, *Materials Today*, June 2004, p26

[2] PV. Braun, P. Wiltzius, *Adv. Mater* **13**, 482 (2001)

[3] MH. Huang, S Mao, H. Feick, HQ Yan, YY. Wu, H. Kind, E. Weber, R. Russo, PD. Yang, *Science* **292**, 1897 (2001)

[4] M. Joseph, H. Tabata, and T. Kawai, *J. of Appl. Phys*. **38**, L 1205 (1995)

1.1.1 Propiedades físicas

La mayoría de compuestos binarios del grupo II-VI cristalizan en dos estructuras características, cúbica zinc-blenda o estructura hexagonal wurtzita, donde cada anión es rodeado por cuatro cationes en los vértices de un tetraedro y viceversa. Esta coordinación tetraédrica es típica del enlace covalente sp^3, pero estos materiales también tienen un carácter iónico. El compuesto ZnO, cuya ionicidad le sitúa en la línea entre el semiconductor iónico y covalente, comparte estructuras wurtzita, zinc-blenda y rocksalt, como se muestra esquemáticamente en la figura 1.1. En condiciones físicas ambientales, la fase cristalina, termodinámicamente, más estable es la wurtzita. La estructura zinc-blenda solo crece sobre sustratos cúbicos y la rocksalt se obtiene para presiones relativamente altas.

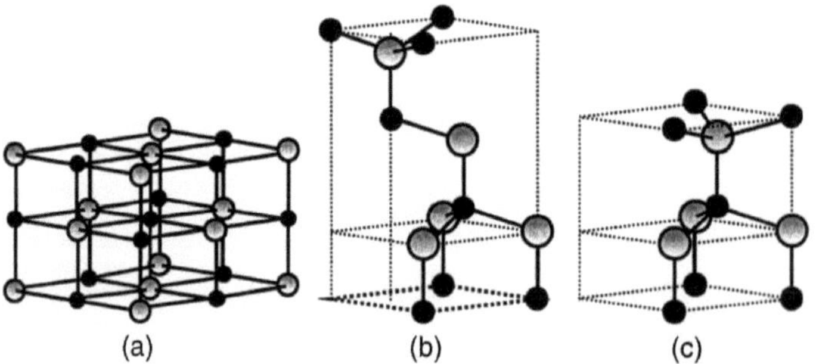

Figura 1.1 Representación de las estructuras cristalinas del ZnO. (a) rocksalt, (b) zinc-blenda, (c) wurtzita.

Por tanto, la estructura cristalina más estable es hexagonal tipo wurzita. En dicha estructura los átomos se encuentran suficientemente alejados para compensar las repulsiones. Dicha estructura cristalina pertenece al grupo espacial $P6_3mc(C_{6v}^4)$ y se puede describir como una combinación alternada de planos de átomos de oxígeno y planos de átomos de zinc apilados a lo largo del eje c, con un desplazamiento entre ellos de 0.38c, siendo c su parámetro de red en la dirección vertical (figura1. 2). Los valores de los parámetros de red para dicho material, en condiciones normales, son a=3.253 Å y c=5.213Å [5,6,7]. La tabla 1.1 muestra algunas características físicas más relevantes del ZnO. Estas propiedades hacen de ZnO un compuesto con numerosas aplicaciones en distintos campos como se analizará en secciones posteriores.

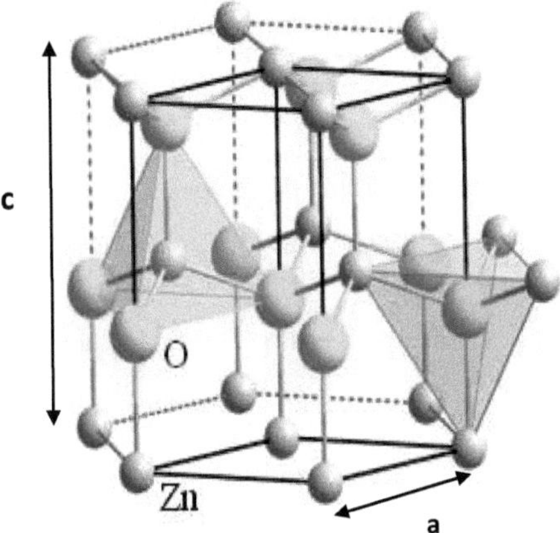

Figura 1.2 Estructura wurtzita del ZnO donde corresponde al átomo de oxígeno y  corresponde al átomo de zinc.

---

[5] O. Madelung, "*Semiconductor –Basic Data*", Springer (1996)

[6] "*CRC Handbook of Chemistry and Physics*" 67th edition, CRC Press, Inc. Florida, (1986)

[7] Base de datos "*TAPP:Thermomechanical and Physical Properties*", ESM software (1998)

Propiedad	***Símbolo (unidades)***	***Valor***	***Referencia***
Parámetros de red	a, c (Å)	3.253,5.312	5
Temperatura de fusión	Tf (K)	>2250	5,6
Densidad	P (kgm^{-3})	5675	5
Entalpía de formación	ΔH ($Jmol^{-1}$)	$6.5x10^5$	6
Entropía de formación	ΔS ($Jmol^{-1}K^{-1}$)	100	7
Calor específico	C_p ($Jmol^{-1}K^{-1}$)	41	7
Coeficiente de expansión térmica	α_a (K^{-1}) α_c (K^{-1})	$6.5x10^{-6}$ $3.0x10^{-6}$	8
Conductividad térmica	λ ($Wm^{-1}K^{-1}$)	0.6	6
Módulo de cizalladura	H (GPa)	44	9
Constantes elásticas (a 300K y 10 Gpa)	C_{11}(Pa) C_{12}(Pa) C_{13}(Pa) C_{33}(Pa) C_{55}(Pa) C_{66}(Pa)	20.70 11.77 10.61 20.95 4.48 0.45	5 5 5 5 5 5
Constantes dieléctricas	$\varepsilon_0 \|\|$, $\varepsilon_0 \perp$ $\varepsilon_\infty \|\|$, $\varepsilon_\infty \perp$	8.75, 7.8 3.75, 3.70	5 5
Gap (2K) Gap (300K)	E_g (eV) E_g (eV)	3.42 3.35	5 5
Energía de enlace excitónico	E_b (meV)	60	10
Masa efectiva de los electrones	m_n^*	$0.28 \cdot m_0$	11
Masa efectiva de los huecos	m_p^*	$0.59 \cdot m_0$	11

Tabla 1.1 Propiedades físicas del ZnO[12].

---

[8] D. P. Norton, Y. W. Heo, M. P. Ivill, K. Ip, S. J. Pearton, M. F. Chisholm, T. Steiner, *Materials Today* **34**, Junio (2004)

[9] R. G. Munro "*Elastic Moduli Data for Polycrystalline Ceramics*", NISTIR 6853 (2002)

[10] D. W. Palmer, www.semiconductors.co.uk (2004)

[11] H.H. Chang, H.Y. Ueng, H. L. Hwang, *Materials Science in Semiconductor Processing* **6**, 401 (2003)

1.1.2 Métodos de obtención

La obtención del ZnO dependiendo de su aplicación requiere dos tipos de crecimiento básicos con diferentes técnicas:

A) Crecimiento en volumen (o bulk).
Se obtienen monocristales de gran calidad y áreas considerables mediante las siguientes técnicas[13]:
- Crecimiento por tratamiento hidrotermal
- Crecimiento en fase vapor
- Crecimiento por fusión

B) Crecimiento epitaxial (o de capas finas).
Se obtienen capas finas policristalinas de ZnO crecidas sobre un sustrato como puede ser el zafiro, el diamante, oro, o diferentes óxidos conductores como FTO (Fluor tin oxide), ITO (Indium tin oxide) donde la capa formada conservará generalmente la orientación del sustrato donde se generó su crecimiento. Las diferentes técnicas para el crecimiento de capas finas de ZnO son[13]:
- Deposición por láser pulsado (PLD)
- Magnetrón Sputtering por radio frecuencia
- Técnica sol-gel
- Crecimiento epitaxial por haces moleculares (MBE)
- Deposición química de vapor (CVD)
- Deposición química de vapor metalorgánica (MOCVD)
- Deposición por baño químico (CBD)
- Electrodeposición[14,15]

---

[12] R. Tena, Tesis Doctoral "*El óxido de Cinc: crecimiento cristalino mediante transporte en fase gaseosa y caracterización de propiedades físicas*", Universitat de Valencia (2004)

[13] Ü.Özgur, Ya. I. Alivov, C. Liu, a. Teke, M. A. Reshchikov, S. Dogan, v. avrutin, S.-J. Cho, H. Morkoç, *Journal of Applied Physics* **98**, 041301 (2005)

[14] Pandey, S. N. Sahu, S. Chandra, "*Handbook of Semiconductor Electrodeposition*", Marcel Dekker, Inc, New York (1996)

[15] D. Lincot, *Thin Solid Films*

[16] G. S. Kino, r. S. Wagner, *J. appl. Phys.* **44**, 1480 (1973)

1.1.3 Aplicaciones.

Ha habido un especial interés en el óxido de cinc, uno de los últimos materiales semiconductores, como se observa en numerosas publicaciones.

- El interés del ZnO se debe principalmente a sus posibles aplicaciones optoelectrónicas, debido a su ancho band gap directo (Eg ~ 3.3 eV a 300K). Algunas aplicaciones optoelectrónicas de ZnO pueden sustituir a otro semiconductor de gap ancho como es el GaN, el cual se utiliza para la producción de dispositivos de emisión de luz blanca, verde o ultravioleta. Sin embargo, el ZnO puede tener algunas ventajas sobre el GaN entre las cuales consideramos la alta calidad de los monocristales de ZnO crecidos y la alta energía excitónica (~ 60 meV). La tecnología de crecimiento de estos cristales es más simple y por tanto resulta potencialmente más económico el desarrollo de dispositivos basados en ZnO, entre los cuales se incluyen transductores acústicos[16,17], varistores[18], sensores de gas[19,20].
- La energía excitónica de ~ 60 meV prepara el camino para una emisión de excitones intensa tanto a temperatura ambiente como a altas temperaturas, porque el valor es 2.4 veces el valor de la energía térmica (k_BT = 25 meV) a temperatura ambiente (RT), lo que implica la utilización del ZnO en láseres a temperatura ambiente y también a altas tempeaturas.
- Algunos experimentos confirman que El ZnO es muy resistente a radiaciones de alta energía, lo que hacen a este material un candidato para su utilización en aplicaciones espaciales.
- Como el ZnO posee una estructura similar al GaN y sus parámetros de red son similares con una variación del 2.0% para a y 0.5% para c, le convierten en un sustrato para el crecimiento epitaxial.

---

[17] C. R. Gorla, N. W. Emanetoglu, S. Liang, E. Mayo, Y. Lu, M. Wraback, H. Shen, J. App. Phys. **85**, 2595 (1999)

[18] M. S. Ramachalam, A. Rohatgi, W. B. carter, J. P. Sahffer, T. K. Gupta, *J. Electron. Mater.* **24**, 413 (1995)

[19] K. L. Chopra, S. Major, D. K. Pandya, *Thin solid Films* **102**, 1 (1983)

- Se ha encontrado recientemente otra aplicación del ZnO, su uso en la fabricación de transistores de capa fina transparentes, donde se ha podido eliminar el recubrimiento protector a la exposición lumínica puesto que los transistores de este tipo basados en ZnO son insensibles a la luz visible.

- Dopando el ZnO y controlando el nivel de dopaje las propiedades eléctricas pueden ser cambiadas de forma que se puede pasar de un semiconductor tipo n a un metal, manteniendo invariable la transparencia óptica lo cual es muy útil para la fabricación de electrodos transparentes para paneles y células solares.
- El ZnO también es un candidato prometedor para el campo de las aplicaciones espintrónicas. Dietl et al.[21], predijeron una temperatura de Curie >300K para ZnO dopado con Mn. También se predijo un comportamiento ferromagnético con estabilidad para la alta temperatura de Curie en ZnO dopado tipo n con hierro, cobalto o níquel. Hay numerosas publicaciones que aparentemente confirman estas predicciones aunque han generado controversia[22,23], como será discutido en el capítulo de resultados.
- Sin embargo, el posible crecimiento de ZnO dopado tipo p, es uno de los mayores retos, por la gran cantidad de aplicaciones en dispositivos optoelectrónicos, aunque hay grandes progresos todavía no es efectivo un crecimiento de ZnO dopado tipo p de gran calidad y reproducible, lo que llevaría al desarrollo de homouniones p-n más cercanas a la teoría del diodo perfecto.

---

[20] K. S. Weissenrieder, J. Muller, *Thin Solid Films* **300**, 30 (1997)

[21] T. Dietl, H. Ohno, D. Matsukura, J. Cibert, D. Ferrand, Science **287**, 1019 (2000)

[22] S. J. Pearton W. H. Heo, M. Ivill, D. P. Norton, T. Steiner, *Semicond. Sci. Technol.* **19**, R59 (2004)

[23] S. J. Pearton *et al.*, *J. Phys.: Condens. Matter* **16**, R209 (2004)

1.2 Compuestos ternarios a partir del ZnO

El ZnO como ya se ha comentado en los apartados anteriores, es un óxido con un interés creciente debido a ser un semiconductor con un importante ancho de banda, lo que contribuye a un número considerable de potenciales aplicaciones a partir de la variación del bandgap, la energía de banda del excitón y la estabilidad químicas. En la industria optoelectrónica, hay una gran demanda de materiales que pueden ser usados como dispositivos de corta longitud de onda, electrodos transparentes y como ventanas para células solares. Sin embargo para conseguir las aplicaciones descritas es importante el control de los parámetros físicos, electrónicos y las propiedades ópticas de los compuestos, lo que puede conseguirse mediante la incorporación de iones en la red del ZnO. Además, la incorporación de estos iones potencia la variación de propiedades físicas base para la fabricación de dispositivos específicos.

El ZnO tiene una estructura wurtzita, en la cual los átomos de oxígeno se distribuyen en la red hexagonal con los átomos de cinc ocupando la mitad de los huecos tetrahédricos. Los dos tipos de átomos, Zn y O se coordinan tetrahédricamente con los demás y se obtiene una simetría interna (figura 1.2). La estructura del ZnO es relativamente abierta con sitios octahédricos y tetrahédricos vacíos. Por tanto es bastante sencilla la incorporación de iones en la estructura. *Ozgur et al.* recoge una revisión de los diferentes ternarios formados a partir del ZnO[13].

1.2.1 *Semiconductores ternarios para aplicaciones optoelectrónicas*

Un paso importante en el desarrollo y diseño de modernos dispositivos optoelectrónicos es la ingeniería del band-gap para crear capas barrera y pozos cuánticos en dispositivos de heteroestructuras. Para la obtención de dispositivos optoelectrónicos se deben considerar dos requisitos; el primero la necesidad de dopar el ZnO tipo p, y el otro la modulación del valor del gap. Mientras la obtención de ZnO dopado tipo p, todavía está en proceso de estudio como ya se comentó con anterioridad, la incorporación de iones Mg y Cd a la red del ZnO permiten la variación de la energía del gap dando lugar a los ternarios $Zn_{1-x}Mg_xO$ y $Zn_{1-x}Cd_xO$. La energía $E_g(x)$ en un semiconductor ternario tipo $Zn_{1-x}A_xO$ (donde A=Mg o Cd) viene determinada por la siguiente ecuación[24]:

$$E_g(x) = (1-x)\cdot E_{ZnO}+x\cdot E_{AO}- b\cdot x\cdot(1-x) \qquad (1.1)$$

donde b es el parámetro de variación y E_{ZnO} y E_{AO} son las energías del gap de los compuestos ZnO y AO respectivamente. El parámetro b depende de la diferencia de electronegatividades de los binarios ZnO y AO. El band gap se incrementa y disminuye por la incorporación de Mg[25-27] y Cd[28-30] en la red cristalina del ZnO respectivamente.

1.2.2 Semiconductores magnéticos diluidos (DML: Diluted Magnetic Semiconductors)

Los semiconductores de los grupos II-VI y III-V ofrecen la posibilidad de incorporación de iones magnéticos a sus redes cristalinas, tal es el caso de la incorporación de Mn, Co, Fe, In al ZnO de manera que la posibilidad del cambio de orientación del espín de los electrones de dichos iones que pertenecen a los metales de transición de nivel *3d*, permiten la posible aplicación a dispositivos basados en el espín de los electrones libres (espintrónica) con unas capacidades sin precedentes. Generalmente estos iones, sustituyen a los cationes anfitriones de la red. Como consecuencia, la estructura electrónica, con las impurezas añadidas, sufre la influencia de dos factores: La hibridación de los niveles *3d* y las fuertes interacciones coulombianas entre electrones *3d-3d.* Este segundo factor es el responsable de las múltiples estructuras observadas en los espectros de absorción óptica. Por otra parte, como se especifica en el dopaje con Mn, la hibridación entre el nivel *3d* del metal de transición y la banda de valencia del anfitrión produce una amplia interacción entre los espines *3d* localizados y las cargas de la banda de valencia del ZnO[13,31].

---

[24] J. A. Van Vechten, T. K. Bergstresser, *Phys. Rev. B* **1**, 3351 (1970)

[25] A. Ohtomo, R. Shiroki, I. Ohkubo, H. Koinuma, m. Kawasaki, *Appl. Phys. Lett.* **75**, 4088 (1999)

[26] S. Choopun, R. D. Vispute, W. Yang, R. P. Sharma, T. Venkatesan, H. Shen, *Appl. Phys. Lett.* **80**, 1529 (2002)

[27] T. Gruber, C. Kirchner, R. Kling, F. Reuss, A. Waag, *Appl. Phys. Lett.* **84**, 5359 (2004)

[28] T. Makino, C. H. Chia, N. T. Tuan, Y. Segawa, M. Kawasaki, a. Ohtomo, K. Tamura, H. Koinuma, *Appl. Phys. Lett.* **77**, 1632 (2000)

[29] D. W. Ma, Z. Z. Ye, L. L. Chen, *Phys. Status Solidi A* **201**, 2929 (2004)

[30] T. Tanabe, H. Takasu, S. Fujita, S. Fujita, *J. Cryst. Growth* **514**, 237 (2002)

No obstante, los resultados obtenidos hasta el momento ponen en entredicho la naturaleza del carácter ferromagnético asociado a las capas de ZnO dopadas con diferentes iones magnéticos como Mn o Co. Resultados que serán estudiados y analizados comparando con los propios obtenidos.

1.3 ANTECEDENTES

Las posibilidades que aporta la técnica de electrodeposición química para la obtención de capas finas de compuestos binarios desarrollados durante las últimas decádas y las propiedades y aplicaciones que hacen del ZnO un material de relevante importancia en el campo de los semiconductores, nos conducen al planteamiento de un objetivo para esta tesis. Numerosas publicaciones y libros entre los que destacaría el escrito por Pandey et al. en 1996 [14], nos acercan a esta técnica con la obtención de numerosos compuestos binarios como CdTe, CdSe, ZnS, ZnSe, ZnTe, GaAs, GaP, PbS y In(P, As o Sb), pero son los estudios realizados por Lincot et al.[15,32], Hodes et al.[33,34] , Marotti et al.[35], o Yoshida et al.[36] , sobre el crecimiento del ZnO en diferentes electrolitos y diferentes condiciones, los que abren un abanico de posibilidades para la posible obtención de compuestos ternarios a partir del ZnO, crecidos en condiciones similares y que pueden modificar las propiedades de este óxido para numerosas aplicaciones posteriores. Concretamente el trabajo de Hodes et al.[33,34], con la obtención de ZnO y CdO depositados en dimetilsulfóxido y sus condiciones de trabajo, son la inspiración del estudio que se desarrollará en los capítulos posteriores para la obtención de ZnCdO, ZnCoO y ZnMnO.

---

[31] K. Ando, H. Saito, Z. Jin, T. Fukumura, M. Kawasaki, Y. Matsumoto, H. Koinuma, *J. Appl. Phys.* **89**, 7284 (2001)

[32] Th. Pauporté, D. Lincot, *Electrochimica Acta* **45**, 3345 (2000)

[33] D. Gal, G. Hodes, D. Lincot, H.-W. Shock, *Thin Solid Films* **361-362**, 79 (2000)

[34] R. Jayakrishnan, G. Hodes, *Thin Solid Films* **440**, 19 (2003)

[35] R. E. Marotti, D. N. Guerra, C. Bello, G. Machado, E. A. Dalchiele, *Solar Energy Materials & solar Cells* **82**, 85 (2004)

[36] T. Yoshida, D. Komatsu, n. Shimokawa, H. Minoura, *Thin Solid Films* **451-452**, 166 (2004)

1.4 OBJETIVO DE LA TESIS

El objetivo general de este trabajo es la obtención de capas finas de semiconductores ternarios a partir del ZnO, con buena transparencia y de gran calidad con una técnica sencilla, que trabaja a baja temperatura ($<100^{o}C$), muy económica y bastante reproducible. Los iones incorporados en la red variarán las cualidades ópticas y magnéticas del material sin que se rompa la estructura cristalina del ZnO. Además se comprobará la homogeneidad de las capas, lo que implica una correcta substitución de los iones de Zn por el correspondiente metal. Para ello se estudiaran diferentes muestras de ZnCdO, ZnCoO y ZnMnO. Se analizaran las propiedades estructurales y ópticas de las diferentes capas de los compuestos obtenidos y su aplicabilidad.

La obtención de las muestras se realizará mediante el proceso químico de electrodeposición, que aporta una simplicidad y una rapidez extrema en la obtención de las muestras y cuyas ventajas lo hacen idóneo para la fabricación de este tipo de materiales.

El proceso de substitución de iones resulta distinto para los diferentes materiales, el estudio realizado indicará el grado de saturación de iones metálicos en la red del ZnO, el paso a estructuras amorfas y obtención de diferentes óxidos.

En el estudio y caracterización del ZnCdO se comprobará la calidad, transparencia y morfología del material obtenido, del mismo modo que se abordará el estudio de la transmisión óptica que resolverá en una disminución del valor del gap óptico respecto del ZnO. Se estudiará así mismo el proceso de obtención con la velocidad de deposición implícita en el mismo y el grado de saturación del dopaje. También se comprobará cómo afecta a la red cristalina y a sus propiedades ópticas los posibles tratamientos de calor posteriores al crecimiento del material.

En diferentes compuestos obtenidos de ZnCoO y ZnMnO, se estudiarán del mismo modo las propiedades físicas y ópticas, grado de saturación y tratamientos de calor, analizando con profundidad los resultados magnéticos que nos llevaran a comprobar o rebatir la teoría de la obtención de materiales ferromagnéticos a partir de la incorporación de los metales Co y Mn en la red cristalina del ZnO.

1.5 ESTRUCTURA DE LA TESIS

Este trabajo se divide en dos partes básicamente, la primera parte incluye tres capítulos. El primero es una introducción con las características físicas y químicas del ZnO, los antecedentes que justifican el trabajo, las aplicaciones de los semiconductores ternarios obtenidos a partir del ZnO y la estructura del trabajo, del que es parte este punto. El segundo capítulo realiza un estudio teórico del proceso de electrodeposición química, la electrodeposición del ZnO y sus diferentes posibilidades de obtención y los avances en electrodeposición de ternarios. Y el tercer capítulo que describe los detalles experimentales para la obtención de los diferentes ternarios obtenidos a partir del ZnO (ZnCdO, ZnCoO, ZnMnO) y técnicas de caracterización estructural y de estudio de propiedades ópticas y magnéticas, que se han utilizado para la obtención de los resultados que se muestran en este trabajo.

La segunda parte del trabajo engloba los resultados obtenidos para los tres materiales depositados y estudiados. Se divide en tres capítulos, en el que cada uno expone la caracterización de los tres ternarios obtenidos y estudiados, sus características estructurales, su calidad, respuesta ante tratamientos de calor y otras propiedades ópticas y magnéticas. Y como conclusión, un último capítulo que incluye un análisis comparativo de las características, comportamiento y propiedades de los tres compuestos depositados con los resultados obtenidos en este trabajo, y las posibles ampliaciones, aplicaciones o caminos futuros de investigación que se abren.

CAPÍTULO II

TÉCNICA DE ELECTRODEPOSICIÓN

2. LA ELECTROQUÍMICA Y LA ELECTRODEPOSICIÓN

La tecnología de obtención de capas finas de diferentes materiales es un campo de estudio y desarrollo de la electrónica del estado sólido con gran éxito y evolución. Las capas finas se pueden obtener mediante métodos físicos (evaporación térmica, sputtering, crecimiento epitaxial) o por métodos químicos (anodización, deposición química de vapor (CVD), baño químico, electrodeposición).

Los métodos físicos son caros pero consiguen resultados más reproducibles y fiables. La mayoría de los métodos químicos son económicos, pero la calidad de las capas para la obtención de dispositivos no está estudiada ampliamente en la mayoría de ellos. La electrodeposición es el método químico más sencillo y la obtención de materiales de calidad está siendo estudiada eficientemente en las dos últimas décadas con gran variedad de libros específicos [1,2,3,4].

El arte de la electrodeposición de metales y aleaciones ha estado de moda durante aproximadamente un siglo, y los primeros estudios están bien documentados (Brenner 1963; Bockris y Damjanovic 1964; Fleischman y Thirsk 1963; Lownheim 1974; Duffy 1981; Blum y Hogaboom 1949). Pero es actualmente cuando los estudios se han intensificado, al comprobar la viabilidad del uso de la técnica de electrodeposición como una herramienta para la obtención de materiales. En el campo de la tecnología de los materiales es de gran interés la obtención de capas con una amplia variedad de materiales incluidos semiconductores, superconductores, capas de polímeros, materiales para la bioestimulación funcional (Ir_2O_3, Rb_2O_3, RuO_2,…), materiales para dispositivos electrónicos de aplicaciones específicas y otros[1].

---

[1]R. K. Pandey, S. N. Sahu, S. Chandra, *Handbook of Semiconductor Electrodeposition*, Marcel Dekker, New York, NY, 1996

[2]G. Hodes, in: I. Rubistein (Ed.), *Physical Electrochemistry*, Marcel Dekker, New York, NY, 1995.

[3] M. Schlesinger, in: M. Schlesinger, M. Punovic (Eds), *Modern Electroplating*, John Wiley and sons, New York, NY, 2000.

2.1 Principios generales de electroquímica y electrodeposición

La electroquímica se basa esencialmente en la relación entre los cambios químicos y el flujo de electrones. En esta conexión, es bien conocido que el proceso de transferencia de electrones juega un papel fundamental en los mecanismos físicos, químicos y biológicos. Seguidamente se analizan esquemáticamente, los diferentes aspectos de los mecanismos electroquímicos[5].

2.1.1 *Reacciones de transferencia de electrones.*

Dentro de una manera puramente formal, la descripción de un proceso de transferencia de un electrón, como la reducción en disolución del ión Fe^{+3} se puede escribir de dos formas, dependiendo de si la reducción se realiza por un agente químico o por un electrodo:

- A través de un agente reductor (reacción redox en una fase homogénea):

$$[Fe(H_2O)_6]^{+3} + [V(H_2O)_6]^{+2} \rightarrow [Fe(H_2O)_6]^{+2} + [V(H_2O)_6]^{+3}$$

- A través de un electrodo (reacción redox en una fase heterogénea):

$$[Fe(H_2O)_6]^{+3} + e^- \rightarrow [Fe(H_2O)_6]^{+2}$$

En ambos casos, los símbolos adoptados solo dan una visión sencilla del proceso. De hecho, desde el punto de vista del mecanismo, las reacciones redox (como otros tipos de reacciones) son el resultado de una serie de pasos intermedios que completan el fenómeno como:

- Difusión de las especies a través de la disolución.
- Interacción entre reactantes, en el caso de las reacciones en fase homogénea, o interacciones entre reactantes y electrodo en el caso de reacciones en fase heterogénea.

---

[4] C. G. Zoski, *Handbook of electrochemistry,* Elsevier, 2007

[5] P. Zanello, *Inorganic Electrochemistry* ***Theory, Practice and Application,*** J. Wiley, New York, NY 2003

- Formación de compuestos intermedios debido a las variaciones de las configuraciones electrónicas, o la sustitución eventual de ligandos, etc.

Comúnmente, las reacciones de oxidación-reducción en fases homogéneas se clasifican en:

- Reacciones de ámbito externo.
- Reacciones de ámbito interno.

En las reacciones de ámbito interno, el proceso implica un "estado de transición" en el cual, se produce una mutua penetración fuerte de niveles de coordinación de los componentes iniciales (y por tanto, una interacción fuerte entre los reactivos), mientras que en las reacciones de ámbito externo no existe superposición de los niveles de coordinación de los componentes iniciales (y por tanto, hay una interacción débil entre los reactivos).

El clásico ejemplo de un mecanismo de reducción de ámbito interno de una sal de Co(III), $[Co\,(NH_3)_5Cl]^{+2}$ por iones Cr(II) ($[Cr\,(H_2O)_6)]^{+2}$):

$$[Co^{III}\,(NH_3)_5Cl]^{+2} + [Cr^{II}\,(H_2O)_6)]^{+2} \xrightarrow[5H_2O]{5H^+} [Co^{II}\,(H_2O)_6)]^{+2} + [Cr^{III}\,(H_2O)_5Cl]^{+2} + 5NH_4^+$$

El hecho de que, del compuesto cloro-cobalto se forme el compuesto cloro-cromo, sugiere que el proceso de reacción pase por un estado intermedio que permite la transferencia de un átomo de cloruro desde el cobalto hasta el cromo. El mecanismo propuesto para esta reacción es el siguiente:

$$[Co^{III}\,(NH_3)_5Cl]^{+2} + [Cr^{II}\,(H_2O)_6)^{+2}] \rightarrow \{[(H_2O)_5Cr^{II}\text{-}Cl\text{-}Co^{III}(NH_3)_5]^{+4} + H_2O\}$$

Transferencia de un electrón ↓

$$\{[(H_2O)_5Cr^{III}\text{-}Cl\text{-}Co^{II}\,(NH_3)_5]^{+4}\}$$

$$[Cr^{III}\,(H_2O)_5Cl]^{+2} + [Co^{II}\,(NH_3)_5]^{+2}$$

↓ Hidrólisis (H^+, H_2O)

$$[Co^{II}\,(H_2O)_6)]^{+2} + 5NH_4^+$$

Por tanto, se asume que el paso intermedio es $\{[(H_2O)_5Cr^{II}\text{-}Cl\text{-}Co^{III}(NH_3)_5]^{+4} + H_2O\}$, en el cual hay una superposición clara de niveles de coordinación de los dos reactivos. Se concluye que la transferencia de electrones solo tendrá lugar después de formarse este estado intermedio.

Como ejemplo de una reacción que incluye un mecanismo de ámbito externo se puede considerar el siguiente proceso redox:

$$[Fe^{II}(CN)_6]^{-4} + [Mo^{V}(CN)_8]^{-3} \rightarrow [Fe^{III}(CN)_6]^{-3} + [Mo^{IV}(CN)_8]^{-4}$$

En este caso, se puede asumir que la transferencia de carga tiene lugar tan pronto como colisionan los dos reactivos, sin que se produzca ningún intercambio de los ligandos (que pudiera implicar rotura o formación de nuevos enlaces en la reacción intermedia).

Como consecuencia, el mecanismo con el que se produce una reacción homogénea está condicionado por los cambios de los ligandos o la transferencia de electrones. Una reacción de ámbito externo se activa ciertamente, cuando el intercambio de ligandos entre los reactivos es más lento que el intercambio de los electrones entre los reactivos.

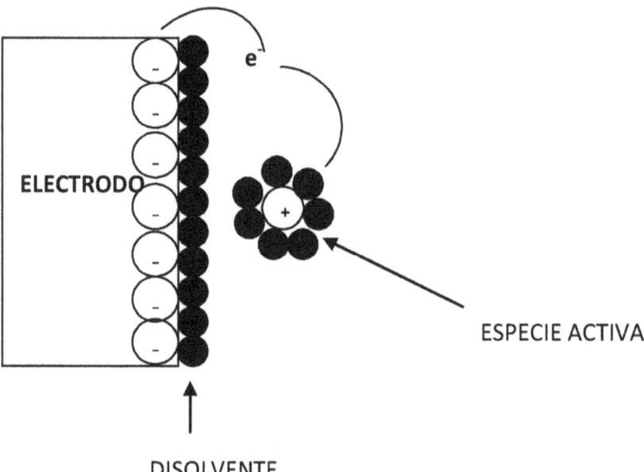

Figura 2.1 Representación esquemática de una transferencia heterogénea de un electrón, que tiene lugar en un mecanismo de medio externo y un electrodo de carga negativa.

En esta figura (fig. 2.1), los procesos de transferencia de electrones realizados mediante electrodos metálicos (reacciones redox en fase heterogénea) solo pueden clasificarse de acuerdo con mecanismos de ámbito interno o externo (obviamente, considerando la superficie del electrodo como reactivo).

Se define como procesos de ámbito externo con electrodo, aquellos en los cuales la transferencia de electrones entre el electrodo y el proceso ocurre a través de la capa de la solución directamente en contacto con la superficie del electrodo. El electrodo y la especie electroactiva están, por tanto, separadas de modo que la interacción química entre ellas es nula (obviamente, a parte de la interacción electrostática) ver figura 2.1.

Los procesos de ámbito interno, se definen como aquellos en los que le intercambio de electrones ocurre entre el electrodo y la especie electroactiva (el centro metálico o sus ligandos) que están directamente en contacto con la superficie del sustrato, ver figura 2.2.

Se debería enfatizar en que la mayoría de los procesos redox inducidos electroquímicamente en el campo de la química inorgánica se producen por mecanismos de ámbito externo.

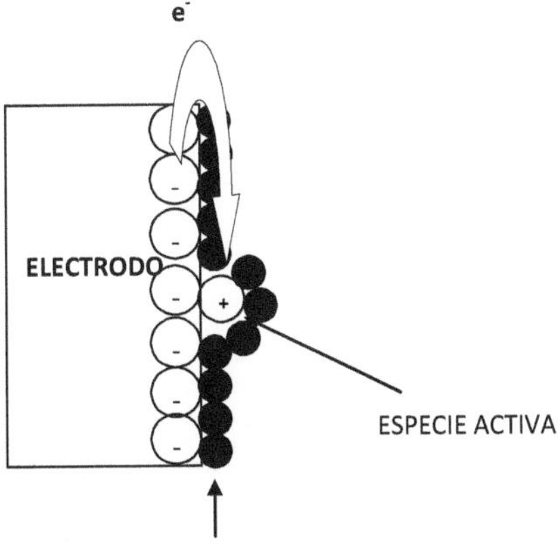

Figura 2.2 Representación esquemática de una transferencia heterogénea de un electrón, que tiene lugar en un mecanismo de medio interno y un electrodo de carga negativa.

2.1.2 Fundamentos de la transferencia de electrones en un electrodo.

Al hablar de sistemas químicos es importante considerar y clarificar diferentes conceptos fundamentales inherentes a los procesos electroquímicos [6-11].

2.1.2.1 El sistema Electrodo/Solución

Una reacción con electrodo es siempre un proceso químico heterogéneo, en que se produce el paso de un electrón desde un electrodo (metal o semiconductor) a una especie química en disolución, o viceversa.

Como se ilustra en la figura 2.3, se puede describir el sistema Electrodo/Solución como la división en cuatro regiones:

- El electrodo
- La doble capa
- La capa de difusión
- La masa de la disolución

La interfase electrodo/disolución representa un plano discontinuo con respecto a la distribución de la carga eléctrica. Este es el resultado de un electrodo que posee un exceso de carga de una señal dada (por ejemplo, negativa como en la figura) en contacto inmediato con un exceso de carga de signo opuesto, debido a una atracción electrostática. La situación genera la llamada doble capa, la cual como vemos tiene importantes consecuencias en el proceso electroquímico.

---

[6] A.J. Bard and L.R. Faulkner, *Electrochemical Methods. Fundamentals and Applications,* 2nd Edn, J. Wiley, 2001.

[7] L.R. Faulkner, *Electrochemical Characterization of Chemical System,* Physical Methods in Modern Chemical Analysis, Vol. 3, Academic Press,1983.

[8] Southampton Electrochemistry Group, *Instrumental Methods in Electrochemistry* ,2nd Edn, Horwood Publishing Limited, 2001,

[9] P.H. Rieger, *Electrochemistry,* Chapman & Hall, London, 1994.

[10] K.B. Oldham and J.C. Myland, *Fundamentals of Electrochemical Science,* Academic Press, 1994.

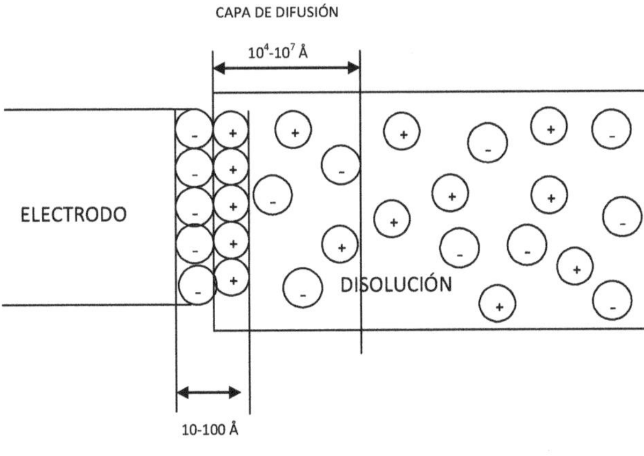

Figura 2.3 Definición de las zonas que caracterizan el sistema electrodo/solución. Electrodo de carga negativa.

La capa de difusión es todavía dominada por una distribución de carga desigual (es decir, en cada zona el principio de electro-neutralidad no es válido) debido al proceso de transferencia de electrones que se está produciendo en la superficie del electrodo. De hecho, el electrodo actúa como una bomba para las especies con distinta carga, produciendo un flujo de cargas del sistema desde la masa de la disolución hacia el electrodo, o viceversa.

[11] F. Scholz, Ed., *Electroanalytical Methods. Guide to Experiments and Applications,* Springer, *2002.*

2.1.2.2 La naturaleza de las reacciones con electrodo

Si consideramos especies químicas que poseen dos diferentes estados de oxidación, agente oxidado (Ox) y reducido (Red), ambos estables y solubles en un medio electrolítico (disolvente + electrolito inerte), presentamos la fórmula más simple de la reacción que convierte Ox en Red:

$$Ox + ne^{-} \rightarrow Red \qquad (2.1)$$

en realidad esconde una secuencia de un proceso elemental. De hecho, para mantener un continuo flujo de electrones:

- primero, la superficie del electrodo debe ser continuamente alimentado con agente Ox;
- entonces, el proceso de transferencia de electrones heterogéneo desde el electrodo sólido hasta las especies Ox debe tener lugar (a través de un mecanismo ámbito interno o externo);
- finalmente, el producto de la reacción (Red) debe ser extraído desde la superficie del electro, para permitir el acceso a más acumulación de agentes Ox en la superficie del sustrato y continuar el proceso.

  En consecuencia, se puede racionalizar el proceso representado por la Ecuación (1) al menos en los tres elementales pasos siguientes:

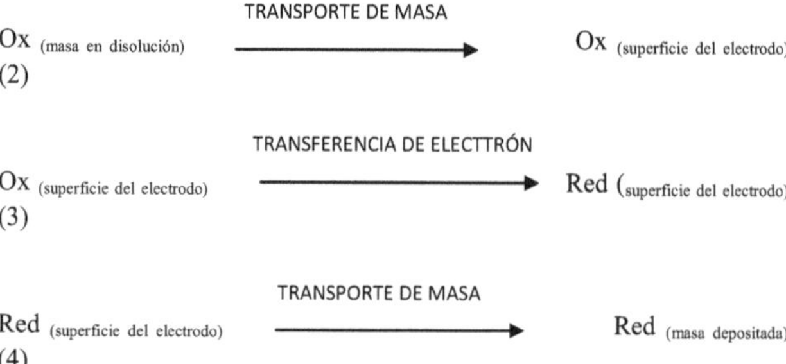

Claramente, el resultado global del proceso de reducción está condicionado por el paso elemental más lento, el cual puede ser asociado tanto con el transporte de masa (desde la masa de la disolución de la superficie del electrodo, y viceversa)

o por la transferencia heterogénea de electrones (desde el electrodo a las especies negativas, o viceversa).

Como se ha descrito, la reacción del electrodo (1) se puede describir por la mencionada secuencia al menos en tres procesos elementales. En realidad, normalmente otros fenómenos complican estas reacciones redox con electrodos.

Concretamente tres tipos:

- **Reacciones químicas combinadas**
  Es posible que las especies Red generadas por la superficie del electrodo sean inestables y tiendan a descomponerse. También pueden verse envueltas en reacciones químicas con otras especies presentes en la disolución mientras se mueven hacia la masa de la disolución (reacciones químicas homogéneas) o mientras son absorbidas por la superficie del electrodo (reacciones químicas heterogéneas). Además, las nuevas especies formadas debido a estas reacciones son eléctricamente activas. Este tipo de reacciones son llamadas reacciones químicas de continuación, (obviamente de continuación a la transferencia de electrones).
  También es posible, pero menos común, que se produzcan reacciones químicas previas a la transferencia de electrones. En este caso, el reactivo Ox es el producto de una reacción química preliminar de especies que no son eléctricamente activas por ellas mismas. Por ejemplo, la reducción del ácido acético pasa por dos estados microscópicos:

  $CH_3COOH \leftrightarrow CH_3COO^- + H^+$ (Reacción química previa)

  $H^+ + e^- \rightarrow \frac{1}{2} H_2$ (Tranferencia de electrón)

- **Absorción**
  A partir de las reacciones (2), (3) y (4) se asume que el intercambio del electrón tiene lugar sin la interacción de las especies Ox y Red con la superficie del electrodo. Sin embargo, es posible que el intercambio de electrones no se produzca a menos que el reactivo Ox, o el producto Red, sea débil o fuertemente absorbido en la superficie del electrodo. También es posible que la absorción de las especies Ox o Red pueda

provocar la contaminación de la superficie del electrodo, impidiendo cualquier proceso de transferencia de electrones.

- **Formación de fases**

  La reacción del electrodo puede implicar la formación de una nueva fase, (por ejemplo, procesos de electrodeposición usados en la galvanización de metales). La formación de una nueva fase es un proceso multiestado desde el punto de que es necesario un primer paso de nucleación seguido por el crecimiento del cristal (en el cual los átomos deben expandirse a través de la fase sólida en formación para situarse en el punto apropiado de la red cristalina).

2.1.2.3 La corriente como medida de la velocidad de la reacción electródica.

Una reacción electródica siempre implica una transferencia de electrones. Si se considera la reacción:

$$Ox + ne^{-} \rightarrow Red$$

Se deduce fácilmente que por cada mol de especie Ox la cual es reducida, n moles de electrones deben ser cedidos por el electrodo (*electrodo de trabajo*, WE) y absorbidos por las otras especies. Como se observa en la figura 2.4, estos electrones son absorbidos, a través de un circuito externo, por una reacción que se produce en un segundo electrodo (*contraelectrodo*, CE) a expensas de otras posibles especies Red, redox-activas presentes en la misma disolución electrolítica (incluyendo el disolvente).

Está claro que si, como en este caso, el proceso ocurre en el electrodo de trabajo se trata de una reacción de reducción entonces se producirá la reacción de oxidación en el otro electrodo CE.

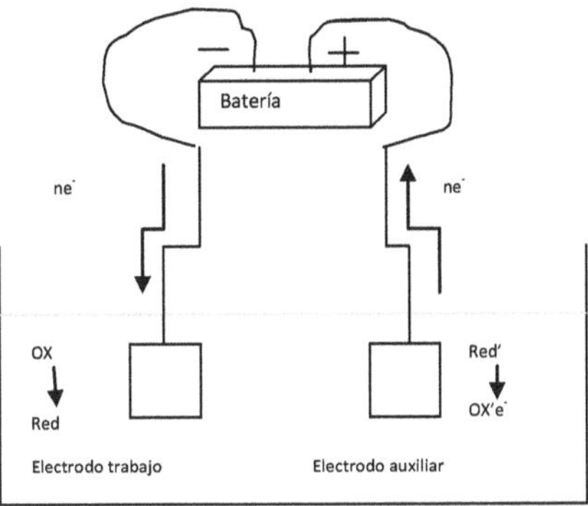

Figura 2.4 Esquema del la reacción de redox Ox + ne⁻ → Red en cada electrodo.

La ley de Faraday establece que si M moles de un reactivo Ox son reducidos, la carga total gastada viene dada por la expresión:

$$Q = n \cdot F \cdot M$$

Donde F es la constante de Faraday (96485 $Cmol^{-1}$).

La variación de carga con el tiempo, es decir la corriente, i, será:

$$\frac{dQ}{dt} = i = n \cdot F \cdot \frac{dM}{dt}$$

La variación de número molar con el tiempo, dM/dt, refleja la variación de la concentración por unidad de tiempo, o la velocidad de la reacción, v (en mol s^{-1}).

Desde que consideramos procesos heterogéneos, la velocidad de los cuales es comúnmente proporcional al área del electrodo, se puede normalizar respecto a dicha área, A, de modo que:

$$\frac{i}{n \cdot F \cdot A} = \frac{1}{A} \cdot \frac{dM}{dt} = v \ (mol\ s^{-1} \cdot m^{-2})$$

Esta expresión muestra que la corriente que fluye a través del circuito externo de la Figura 4 es proporcional a la velocidad de la reacción:

$$i = n \cdot F \cdot A \cdot v$$

siendo la constante de proporcionalidad el factor n · F · A.

Este tipo de corriente, la cual se origina por procesos químicos y obedece a la ley de Faraday, se llama corriente de faraday, para distinguirla de las corrientes no- faradaicas las cuales provienen de procesos estrictamente de naturaleza física.

En el transcurso de un experimento electroquímico, las condiciones experimentales son cuidadosamente controladas para minimizar el efecto, al máximo, de las corrientes no-faradaicas.

2.1.2.4 El potencial como una medida de la energía de los electrones en el electrodo.

De acuerdo con la teoría de bandas, los electrones del interior de un metal pueblan la banda de valencia hasta el orbital molecular ocupado más elevado, llamado también *nivel Fermi.* El potencial aplicado a un electrodo metálico gobierna la energía de los electrones de acuerdo con la figura 2.5.

Si el potencial del electrodo es más negativo con respecto al valor de la corriente de cero, la energía del nivel Fermi se eleva a la del nivel al cual los electrones del metal (o del electrodo) fluyen hasta los orbitales vacíos (LUMO) de las especies electroactivas (S) presentes en la disolución, Figura 5a. De ese modo, tiene lugar un proceso de reducción, descrito como: $S + e^- \rightarrow S^-$.

En un proceso análogo, la energía del nivel de Fermi puede decrementarse por la imposición del potencial de electrodo más positivo que el valor de la corriente de cero. Se alcanza ahora una situación que es más favorable energéticamente para las especies electroactivas donantes de electrones para ocupar los orbitales moleculares (HOMO) del electrodo, Figura 5b. El proceso de oxidación se ha activado, lo cual se describe como: $S \rightarrow S^+ + e^-$

El potencial crítico al cual se producen estos procesos de transferencia de electrones se identifican como potencial estándar, E^0, de las parejas S/S^- y S/S^+ respectivamente.

Si consideramos el caso del proceso de reducción:

$$S + e^- \rightarrow S^-$$

Incrementando el potencial del electrodo hacia valores más y más negativos se alcanzará un valor umbral, por encima del cual la forma reducida S^- se estabilizará en la superficie del electrodo, mientras que por debajo de este valor la forma oxidada S será estable en la superficie del electrodo. Este valor umbral es justamente el potencial estándar de la pareja S/S^-.

2.1.2.5 Relación entre corriente y potencial.

El potencial regula la energía de intercambio de electrones, y también controla la velocidad de los intercambios y por tanto la corriente. La correspondencia bilateral entre corriente y potencial implica que si uno de los dos parámetros se fija, el otro automáticamente queda fijado.

2.1.3 Potencial y celdas electroquímicas

Como se argumentó en el punto 2.1.2.3, para que una reacción electródica tenga lugar se necesitan dos electrodos: un electrodo de trabajo, en el que se produce el proceso de transferencia de electrones deseado, y un contraelectrodo, que opera para mantener la electro-neutralidad de la disolución a través de la reacción de signo opuesto, figura 2.4. Desafortunadamente, no es posible medir rigurosamente el potencial absoluto de cada uno de los electrodos (es decir, la energía de los electrones en el interior de los electrodos). La diferencia de potencial instalada entre los dos electrodos por el contrario, se puede medir fácilmente y se define como *Potencial de la celda*, V. Sin embargo, como se ve en la figura 2.6, el potencial de la celda es la suma de una serie de diferencias de potencial. Se producen asimismo abruptos cambios de potencial en ambas superficies electrodo/solución donde se instala la doble capa eléctrica. Estos cambios de potencial controlan la velocidad de las reacciones de faraday que suceden en ambos electrodos.

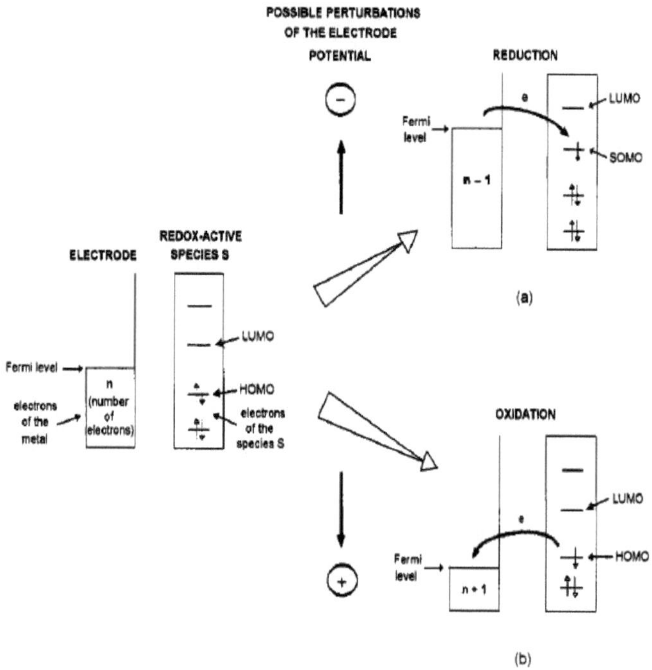

Figura 2.5 El potencial de un electrodo puede ser variado para provocar: (a) un proceso de oxidación, (b) un proceso de reducción[5].

Cada uno de los dos saltos de potencial se identifica con el potencial del electrodo para los dos respectivos electrodos. Además, el potencial de la celda incluye otro término adicional debido a la resistencia intrínseca de la disolución R_s. Por tanto, cuando la corriente fluye a través de la solución entre los dos electrodos se da un incremento de la conocida *caída óhmica*, que se corresponde con el producto i · R, y es definida como iR_s. solo cuando se es capaz de hacer $iR_s = 0$ (o al menos insignificante) la medida del potencial de la celda refleja exactamente la diferencia entre los dos potenciales de los electrodos (o, $V = \Delta E$).

Para poder controlar exactamente el potencial del electrodo de trabajo (para condicionar la velocidad de la transferencia de electrones entre el electrodo y las especies eléctricamente activas), se debe trabajar con la diferencia de potencial de los electrodos. Está claro, sin embargo, que cambiando el potencial aplicado entre los electrodos se causan variaciones impredecibles en el potencial de cada electrodo, el de trabajo y el contraelectrodo o la caída iR_s. Esto implica que es imposible controlar exactamente el potencial del electrodo de trabajo a menos que se recurra a una celda en la cual:

- el potencial del electrodo de control sea invariable;
- la caída iR sea insignificante.

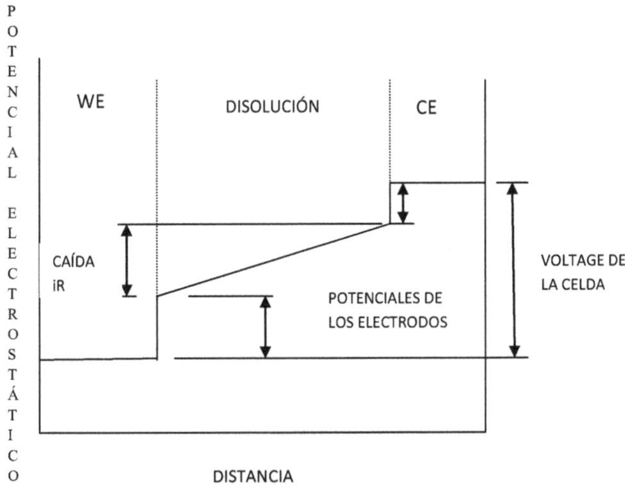

Figura 2.6 Perfil del potencial en el interior de los electrodos en el experimento electroquímico ilustrado en la figura 2.4

Un contraelectrodo de potencial constante se obtiene haciendo uso de un sistema de media celda en el cual los componentes estén presentes en concentraciones tan altas como para no ser afectadas por el flujo de corriente que pasa a través de ellas. El electrodo Calomel saturado (SCE) es uno de los más comunes ejemplos de uso. Como se muestra en la figura 2.7, se compone de un depósito de mercurio en contacto con cloruro de mercurio (I) sólido y cloruro de potasio que se deposita en el fondo de una solución saturada de KCl. La solución acuosa es, por tanto, saturada con iones Hg_2^{+2}, K^+ y Cl^-, las concentraciones de los cuales están controladas por la solubilidad de sus respectivas sales.

La corriente eventual que fluye a través del electrodo provoca la siguiente reacción para circular en una de las dos direcciones:

$$Hg_2^{+2} + 2\,e^- \rightleftarrows 2\,Hg$$

dependiendo de la dirección propia de la corriente. Sin embargo, la actividad de las especies sólidas, Hg y Hg_2Cl_2 es constante (por definición) y que los iones Hg_2^{+2} que están presentes en una concentración elevada, también permanecen sustancialmente constantes.

Consecuentemente, el potencial del electrodo también se mantiene constante y fijo a un valor determinado por la conocida ecuación de *Nernst.*

$$E = E^0_{Hg_2^{+2}Hg} + \frac{2 \cdot 3 \cdot R \cdot T}{2 \cdot F} log \frac{(a_{Hg_2^{+2}})}{(a_{Hg})^2}$$

Este tipo de contraelectrodo se define como un *electrodo de referencia.*

Volviendo al control del potencial del electrodo de trabajo en una celda electroquímica, el uso de un electrodo de referencia como un contraelectrodo, realiza los cambios necesarios a la diferencia de potencial aplicada entre los dos electrodos asignada enteramente al electrodo de trabajo, asegurando que la caída iR sea insignificante. De esta forma somos capaces de controlar exactamente la velocidad de reacción del electrodo de trabajo.

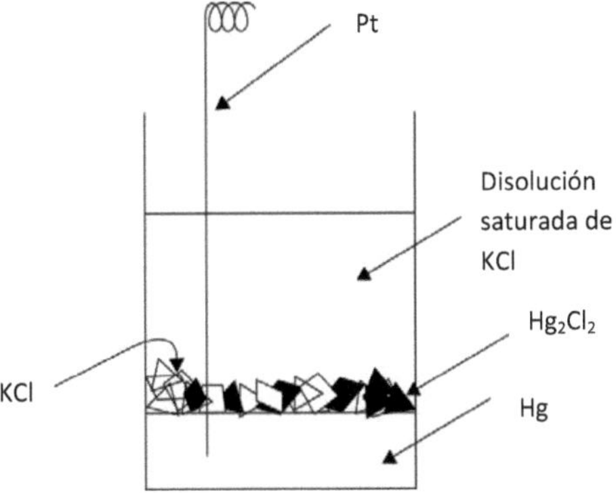

Figura 2.7 Representación esquemática de un electrodo Calómelo Saturado (SCE Staurated Calomel Electrode)

En realidad, el uso de una celda con dos electrodos, (el de trabajo y el de referencia) se considera solo el primer intento de controlar adecuadamente el potencial del electrodo de trabajo. En principio, que el electrodo de referencia tenga la función de contraelectrodo tiene la desventaja de que la corriente entrante, puede causar variaciones instantáneas en la concentración de los componentes, variando el valor del potencial respecto del potencial nominal. En la mayoría de los casos, el tamaño del área de la superficie y la alta concentración de las especies activas típicas de los electrodos de referencia hacen que estas variaciones de potencial sean insignificantes. Sin embargo, hay casos, para electrolisis a gran escala o técnicas voltamétricas en disolventes no acuosos, donde el flujo de corriente es tan alto que los efectos son significativos. Además, existe todavía un problema de caída óhmica que, por ejemplo, en experimentos realizados en disolventes no acuosos, también son significativas.

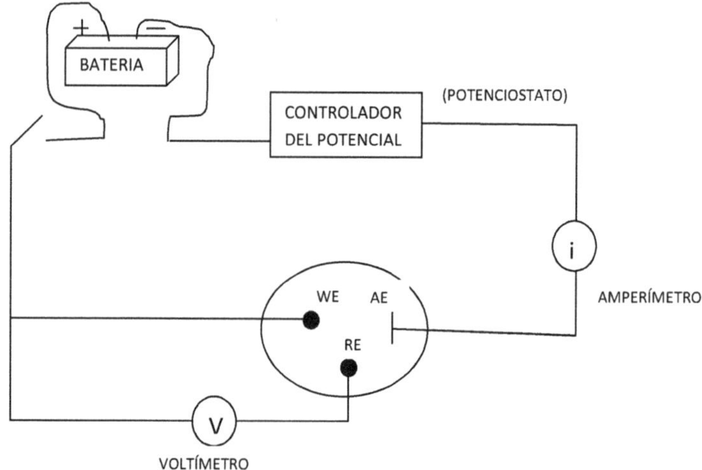

Figura 2.8 Disposición de los electrodos en una celda trielectrodo. WE = electrodo de trabajo, RE = electrodo de referencia, AE = electrodo auxiliar.

Para solucionar estas dificultades se requiere el uso de una celda electroquímica de tres electrodos, la cual se muestra en la figura 2.8. En este caso, el tercer electrodo, *electrodo auxiliar* (AE) se inserta junto con el electrodo de trabajo y el electrodo de referencia.

En principio, el electrodo auxiliar puede ser de cualquier material electroquímicamente activo que no afecte al comportamiento del electrodo de trabajo. Para asegurarse de que ese es el caso, el electrodo auxiliar debe situarse de forma que no genere sustancias electroactivas que puedan afectar al electrodo de trabajo y interferir con el proceso estudiado. Por esta razón, en la mayoría de técnicas el electrodo auxiliar se coloca en un compartimento separado.

Por otra parte, la caída iR se puede minimizar colocando el electrodo de referencia próximo al electrodo de trabajo.

Como se deduce de la figura 2.8, aplicar un valor preciso del potencial para el electrodo de trabajo significa aplicar una diferencia de potencial precisa entre los electrodos de referencia y el de trabajo. El circuito electrónico para monitorizar cada diferencia de potencial (V), está correctamente diseñado para poseer una alta resistencia de entrada que genera solo una pequeña fracción de corriente en la ceda electroquímica como consecuencia de la entrada del potencial aplicado al electrodo de referencia (de este modo apenas modifica el potencial intrínseco): la mayor parte de la corriente es canalizada entre el electrodo de trabajo y el electrodo auxiliar.

Como ya se ha mencionado, la mayor parte de la corriente se conduce hacia la región entre los electrodos auxiliares y de trabajo, la caída iR_s no influye en el potencial V de la celda entre los electrodos de trabajo y de referencia, permitiendo de este modo la condición:

$$V = E_{WE} - E_{RE} = \Delta E$$

para que se produzca el proceso.

Se debe recordar, sin embargo, que no se puede eliminar una fracción de resistencia no compensada de la solución, R_{nc}, la cual genera la caída óhmica iR_{nc}. Desafortunadamente, la posición del electrodo de referencia incluso muy cerca del electrodo de trabajo causaría oscilaciones en la corriente.

Este diseño de la celda de tres electrodos, habitualmente, produce buenos resultados en la mayoría de los casos. Sin embargo, como se ha mencionado, en técnicas electroquímicas con disolventes no acuosos, iR_{nc} pueden alcanzar valores que comprometen el cuidadoso control del potencial del electrodo de trabajo y de ahí el logro de datos electroquímicos fiables. En estos casos, se deben emplear circuitos electrónicos que compensen las resistencias de la solución.

Sin embargo, es importante apreciar que este tipo de celda (de tres electrodos), habitualmente permite un control sencillo del potencial del electrodo de trabajo forzándolo para trabajar en cualquier valor deseado y asimismo para controlar el comienzo o la velocidad cualquier proceso.

2.1.4 Transporte de masa en celdas electroquímicas

Los diferentes factores que intervienen de transporte de masa que se produce durante el proceso de electrodeposición dentro de una celda electroquímica son:

- Difusión
  La difusión tiene lugar en todas las disoluciones y surge de las irregulares concentraciones de reactivos en diferentes áreas localizadas. Las fuerzas entrópicas actúan para alisar estas distribuciones irregulares de concentración y son la principal fuerza conductora del proceso.
- Convección
  La convección resulta de la acción de una fuerza en la disolución. Se puede producir debido a bombeo producido por algún gas o incluso a la gravedad. Hay dos formas de convección. La primera se denomina convección natural y está presente en toda disolución. La convección natural se genera por pequeñas diferencias térmicas o de densidad y actúa para mezclar la disolución al azar y de manera impredecible. En caso de medidas electroquímicas estos efectos tienden a causar problemas si el tiempo de medida excede unos 20 segundos.
  Se pueden anular los efectos de la convención natural en un experimento por la introducción de convención deliberadamente en la celda. Esta convección se denomina convección forzada. Es varios órdenes de magnitud mayor que cualquier efecto de convección natural y elimina los aspectos impredecibles de las medidas experimentales. Esto es, cierto si la convección se introduce de forma bien definida y cuantificada.
- Migración
  La última forma de transporte de masa que hay que considerar es la migración. Esto es esencialmente un efecto electrostático que surge debido a la aplicación de potencial a los electrodos. Éste crea efectivamente una superficie cargada (los electrodos). Cualquier especie carga cercana a esta superficie se verá atraída o repelida por fuerzas electrostáticas. Sin embargo, debido a los efectos de la disolución de iones y las interacciones de las capas difusas in disolución, la migración es difícil de calcular exactamente para disoluciones reales. En consecuencia, la mayoría de las medidas voltamétricas se realizan en disoluciones que contienen un base electrolítica, normalmente una sal (KCl por ejemplo), que no sufre

electrolisis y ayuda a proteger a los reactivos de los efectos de migración. Añadiendo una gran cantidad de electrolito, mucho mayor que la de los reactivos, es posible asegurar que la reacción de electrodeposición no se verá afectada por el efecto de la migración. El propósito de introducir un electrolito en la disolución, sin embargo, no es solamente para eliminar los efectos de migración sino que actúa como un conductor que ayuda al paso de la corriente a través de la disolución.

Para conseguir un modelo cuantitativo del flujo de corriente en el electrodo se debe tener en cuenta la cinética del electrodo, la difusión tridimensional, la convección y la migración de las especies involucradas. Se requiere de ordenadores bastante potentes para realizar los cálculos del transporte de masa dentro del proceso[12].

2.2 Electrodeposición de Óxidos Semiconductores

2.2.1 Estudio de la electrodeposición de ZnO.

La electrodeposición de semiconductores representa un avance, no solo desde el punto de vista académico sino, también, económico. Este método tiene unas ventajas considerables en cuanto a la simplicidad del mismo comparado con las diferentes técnicas de crecimiento empleadas. La baja temperatura de crecimiento, (niveles de incluso temperatura ambiente), presión atmosférica y la buena calidad del material depositado hacen de esta técnica un campo de estudio en crecimiento. Diferentes libros y artículos han sido publicados sobre la electrodeposición de semiconductores, incluyendo referencias entre ellos hasta de finales del siglo XIX[13]. Pero fue en el período entre 1987-1992, G. Hodes quien profundizó en la preparación de semiconductores II-VI, obteniendo diferentes binarios como CdTe, CdSe, CdS, ZnS, ZnSe, ZnTe y sus correspondientes ternarios[2]. Pero se produce un desarrollo importante de esta técnica óptima para la obtención de óxidos, a partir del crecimiento del ZnO en 1996[1].

---

[12] P. Schmuki, *Basic Electrochemistry,* Friedrich-Alexander Univeristät, ***Nürnber*** 2006

[13] J. Vedel, *Inst. Phys. Conf. Ser.* **152** 261 (1998)

Más recientemente, Schlesinger realiza una revisión del campo de la electrodeposición desde 1998, con los siguientes materiales[3]: Si, GaAs, GaP, In(P, As o Sb), In_2S_3,CdTe, CdSe, ZnS, ZnTe, (Cd,Zn)Te, CdS, $CuInSe_2$, y (Cd,Hg)Te. En el caso de los semiconductores de calcopiritas, basados en $CuInSe_2$, para células fotovoltaicas fueron estudiadas por Vedel en 1998[13] y revisadas por Lincot en 2004[14].

También son interesantes por abordar más específicamente los óxidos las publicaciones de Helen y Matsumoto (2000)[15,16].

En el proceso de obtención del ZnO mediante electrodeposición, se distinguen dos técnicas o caminos distintos debido al disolvente utilizado, bien sea agua o disolventes no acuosos, y los disolventes orgánicos.

2.2.1.1 Disolución acuosa (con oxígeno disuelto o con nitratos) (Condiciones generales)

En el caso de un baño de agua, distinguiremos si se utiliza oxígeno disuelto en la solución acuosa o existe una concentración de nitratos.

a) En una disolución acuosa con oxígeno, la obtención de las capas del ZnO se produce debido básicamente al siguiente proceso que se divide en dos reacciones:

$$\frac{1}{2}O_2 + H_2O + 2e^- \rightarrow 2\,OH^-$$

$$Zn^{+2} + 2\,OH^- \leftrightarrow ZnO + H_2O$$

---

[14] D. Lincot, J. F. Guillemoles, s. Taunier, d. Guimard, J. Sicx-Kurdi, a. Chomont, O. Roussel, O. Ramdani, C. Huber, J. P. Fauvarqeu, Sol. Energy, 77, 725 (2004)

[15] G. Helen Annal Therese, P. Vishnu Kamath, *Chem. Material* **12**, 1195 (2000)

[16] Y. Matsumoto, *MRS Bull.* **47** (2000)

La reacción de deposición no es irreversible e implica un paso intermedio que corresponde a la formación de iones hidroxilo y reducción del oxígeno[17,18]. Esta segunda reacción reversible, permite el crecimiento bajo condiciones de casi-equilibrio. Esto explica la alta calidad del cristal. Es como la mineralización, un proceso natural.

b) En el caso de utilizar nitratos disueltos en el baño, las reacciones que tiene lugar en el proceso son [19,20,21,22]:

$$NO_3^- + H_2O + 2e^- \rightarrow NO_2^- + 2\,OH^-$$

$$Zn^{+2} + 2\,OH^- \rightarrow Zn(OH)_2 \rightarrow ZnO + H_2O$$

La reducción del nitrato en iones nitrito genera iones hidroxilo en el cátodo. Los iones de cinc precipitan con los iones hidroxilo y son deshidratados espontáneamente en ZnO. Por tanto la reacción que resume el proceso será:

$$Zn^{+2} + NO_3^- + 2e^- \rightarrow ZnO + NO_2^-$$

El sistema con nitratos posee un potencial redox de +0.5V, significativamente menor que el del oxígeno (+0.93) pero también efectivo para la formación del ZnO[17].

---

[17] D. Lincot, *Thin Solid Films* **487**, 40 (2005)

[18] A. Goux, T. Pauporté, J. Chivot, D. Lincot, *Electrochimica Acta* **50**, 2239 (2005)

[19] T. Yoshida, D. Komatsu, N. Shimokawa, H. Minoura, *Thin Solid Films* **451-452**, 166 (2004)

[20] R. E. Marotti, D. N. Guerra, c. bello, G. Machado, E. A. Dalchiele, *Solar Energy Mat. & Solar Cells* **82**, 85 (2004)

[21] T. Mahalingam, v. S. John, M. Raja, Y. K. Su, P. J. Sebastian, *Solar Energy Mat. & Solar Cells* **88**, 227 (2005)

[22] S. Peulon, D. Lincot, *J. Electrochem. Soc.* **145**, 864 (1998)

Propiedades físicas del DMSO	
Temperatura de combustión espontánea, en aire	300-302°C (572-575°F)
Punto de ebullición (1 atmósfera)	189°C (372°F)
Coeficiente de expansión	0.00088/°C
Conductividad (eléctrica), 20°C	3x10-8 (ohm-1 cm-1)
a 80°C	7x10-8 (ohm-1 cm-1)
Flujo de calor crítico	1.3x105 Btu/hr x ft-2(4.10x105 J / s / m2)
Volumen molar crítico	2.38x10-4 m3
Presión crítica	56.3 atm. abs.
Temperatura crítica	447°C (837°F)
Densidad, a 25°C (ver Figura 3)	1.0955 g / cm3
Constante dieléctrica , 1 MHz, a 20°C	48.9
a 40°C	45.5
Coeficiente de difusión	9.0x104 cm2 / sec.
Momento dipolo, D	4.3
Índice de tasa de evaporación a 25°C	
Relativo a acetato de n-butilo	0.026
Relativo a éter dietílico	0.0005
Límites de inflamabilidad en aire	
inferior (100°C)	3 - 3.5% por volumen
superior	42 - 63% por volumen
Punto de inflamación (copa abierta)	95°C (203°F)
Punto de inflamación (copa cerrada)	89°C (192°F)
Punto de congelación	18.55°C (65.4°F)
Calor específico, gas ideal , Cp(T°K)	6.94+5.6x10-2T -0.227x10-4T2
Calor específico (liq.), 25°C	0.47 cal / g / °C
Calor de combustión	6054 cal / g
Calor de fusión	41.3 cal / g
Calor de solución en agua a 25°C	-54 cal/g @ ∞ dilución
Calor de vaporización a 70°C	11.3 kcal/mol (260 Btu/lb)
Constante de Henry a 21°C	991000

Tabla 2.1 Propiedades Físicas del DMSO.

2.2.1.2 Disolución no acuosa (DMSO)

Esta técnica desarrollada por Hodes et al. [23,24], se basa en la utilización de una celda con un baño de dimetilsulfóxido (DMSO) y oxígeno disuelto en él. Conocemos las condiciones y deposición exitosa además del ZnO también de otros óxidos binarios como el CdO. La fórmula del DMSO es la siguiente:

$$CH_3-S(=O)-CH_3$$

La utilización de este disolvente se debe básicamente a que es un líquido orgánico altamente polar y miscible. Es básicamente inoloro y tiene un bajo nivel de toxicidad. El DMSO es un solvente aprótico dipolar y tiene un punto de ebullición relativamente alto. En la tabla 2.1, se definen las principales propiedades de este compuesto orgánico.

A partir de los estudios realizados por G. Riveros et al.[25] la formación del ZnO se produce cuando el producto de Zn(II) y iones O_2^{-2} en la superficie alcanza un valor crítico para empezar la precipitación con ZnO_2 que posteriormente se transforma completamente en ZnO como se expone en las siguientes ecuaciones:

$$O_{2(disol)}) + 1e^- \rightarrow O^-_{2(disol)}$$

$$2O^-_{2(disol)} \rightarrow O_{2(disol)} + O^{2-}_{2(disol)}$$

$$O^{2-}_{2(disol)} + Zn^{2+}_{(disol)} \rightarrow ZnO_{2(s)}$$

$$ZnO_{2(s)} \rightarrow ZnO_{(s)} + \frac{1}{2}O_{2(disol)}$$

---

[23] R. Jayakrishnan, G. Hodes, *Thin Solid Film* **440** 19 (2004)

[24] D. Gal, G. Hodes, D. Lincot, H. W. Schock, *Thin Solid Films* **361**, 79 (2000)

[25] G. Riveros, D. Ramirez, R. Henríquez, R. Schrebler, E. A. Dalchiele, H. Gómez, *Journal of Solid State Electrochemistry*, (***In press***)

Por tanto, indistintamente se pueden depositar capas de ZnO en medio acuoso o en presencia de disolventes orgánicos, aunque a simple vista se detecta una diferencia entre las distintas capas de ZnO depositadas en medio acuoso o en DMSO. La fotografía de la figura 2.9 ilustra la diferencia en la transparencia para las diferentes capas de ZnO y de una capa de ZnCdO depositada en presencia de disolvente orgánico que confirma que para diferentes capas depositadas de óxidos de cinc o ternarios formados a partir de este compuesto se mantiene una gran transparencia al ser depositados en presencia de DMSO.

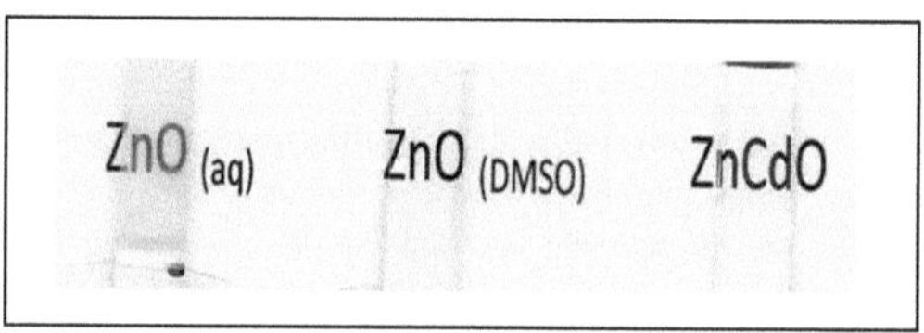

Figura 2.9 Diferentes capas de ZnO (depositadas en medio acuoso o en una disolución con disolvente orgánico) y ZnCdO depositadas sobre FTO

A parte del DMSO, no se ha documentado la utilización de otros disolventes orgánicos para la electrodeposición de ZnO u otros materiales semiconductores ternarios derivados de éste.

2.2.2 Morfología de las capas de ZnO debido al disolvente empleado.

La utilización de diferente disolvente en la electrodeposición condiciona la estructura de las capas obtenidas. En caso de utilizar medio acuoso, el estudio realizado muestra capas con columnas hexagonales bien definidas y capas discontinuas como se muestra en la fig. 2.10 a) y alta transmitancia y refectividad difusas.

En el caso de un baño con DMSO las capas obtenidas son continuas y homogéneas, con una transmitancia muy elevada y orientadas básicamente en la dirección (002) principalmente como se verá en los siguientes capítulos.

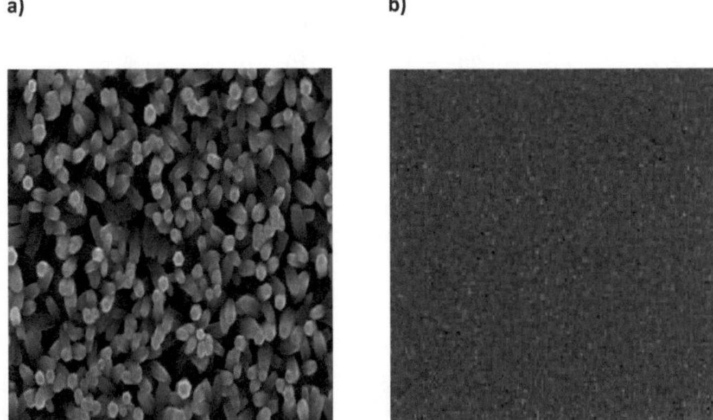

Figura 2.10 a) Capa de ZnO crecida en medio acuoso. b) Capa ZnO crecida en una disolución de DMSO.

En caso de una combinación entre agua y DMSO se observa la evolución de un tipo de capas a otro con la variación de la concentración de estos dos disolventes en contacto resultando la serie que se muestra en la figura 2.11.

En esta serie representada en la figura 2.11 muestra el estudio realizado por el profesor Cui[26] durante su estancia con nuestro grupo, realizando una variación de las concentraciones entre DMSO y H_2O comenzando con un 100% de DMSO y aumentando la concentración de agua para la obtención de diferentes muestras según la siguiente tabla 2.1

[26] H. Cui, M. Mollar, B. Marí, *Optical Materials* **33**, 327 (2011)

DMSO (%)	H_2O (%)	
100	0	a)
80	20	b)
50	50	c)
30	70	d)

Tabla 2.1 Variación de las concentraciones de DMSO y H_2O para la obtención de capas. Las letras se corresponden con las micrografías de la figura 2.11 de diferente estructura de ZnO[26].

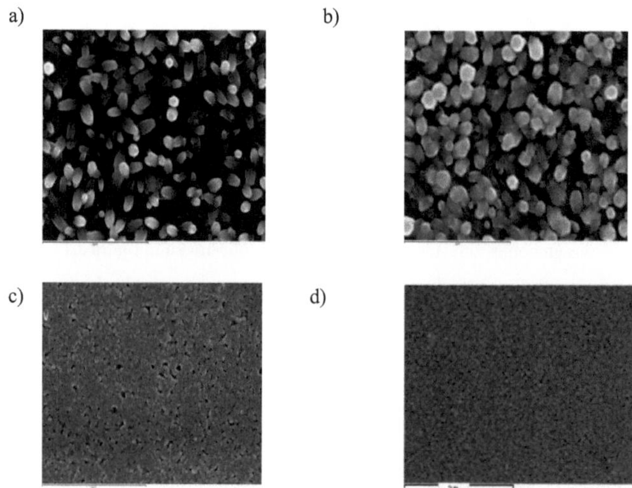

Figura 2.11 Serie de cuatro capas variando las concentraciones de DMSO y H_2O.

2.2.3 Morfología de las capas de ZnO según el sustrato empleado.

Las fotografías de las figuras anteriores muestran capas de ZnO depositadas sobre FTO o ITO indistintamente, pero cuando el ZnO se deposita sobre superficies orientadas como en el caso de GaN monocristalino, el resultado son columnas bien definidas como se aprecia en la fotografía de la figura 2.12[27].

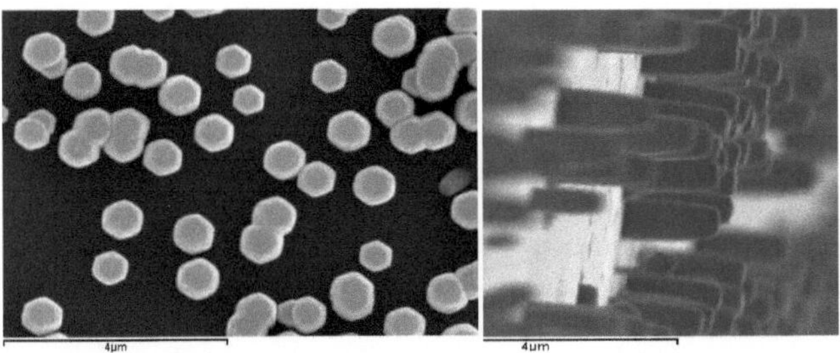

Figura 2.12 Fotografía frontal y lateral de nanocolumnas de ZnO depositadas sobre GaN monocristalino.

2.2.4 Electrodeposición de ternarios a partir del ZnO

La electrodeposición de compuestos ternarios u otros compuestos con múltiples elementos es mucho más compleja debido a la gran diferencia de potenciales de electrodeposición de los elementos reactivos y la posibilidad de formación de fases intermedias durante el proceso.

Los semiconductores del grupo II-VI forman series de soluciones sólidas de ternarios, cuaternarios y otros compuestos más complejos.

---

[27] B. Marí, J. Cembrero, M. Mollar, M. Tortosa, *Physica Status Solidi* (c) **5**, 555 (2008)

Los primeros semiconductores ternarios conseguidos por electrodeposición fueron los basados en Selenuro de Cadmio, en un baño de DMSO como ejemplo: CdS_xSe_y, $Cd_{1-x}Zn_xSe$ o $CdSe_xTe_y$, o los derivados del Teluro de Cadmio como el $Cd_xHg_{1-x}Te$ [28,29,30].

A los que siguieron los térnarios formados a partir de Selenuro de Zinc y de Mercurio dando lugar a $Zn_{1-x}Hg_xSe$ obteniendo variaciones del gap entre 2.8eV (ZnSe) y 0eV (HgSe) [31].

Por su el considerable interés para células solares fotovoltaicas y fotoelectroquímicas, se desarrollaron los compuesto a partir de la fórmula general ABX2, donde A=Cu o Ag; B= Al, Ga, o In; y X = S, Se o Te. Obteniendo materiales con bandas de absorción de ancho rango y altos coeficientes de absorción como son $CuInSe_2$, $CuInTe_2$, $AgInSe_2$, $CuInSe_2$ [32,33,34,35].

El principal objetivo de este trabajo, como ya se comentó en la introducción, es la obtención de capas finas de compuestos ternarios a partir de ZnO, concretamente los compuestos $Zn_{1-x}Cd_xO$, $Zn_{1-x}Co_xO$ y $Zn_{1-x}Mn_xO$ mediante electrodeposición en disolvente orgánico (DMSO), hecho que no ha sido obtenido previamente en ningún otro estudio realizado.

---

[28] B. M. Bassol, V. K. Kapur, M. L. Ferris, *Journay of Appl. Phys.* **66**, 1816 (1989)

[29] S. M. Neumann, G. Tamizhmani, A. Beutry-Forveille, c. Levy Clement, *Thin Solid Films* **169**, 315 (1989)

[30] C. L. Colyer, M. Cocivera, *J. Electrochem. Soc.* **139**, 406 (1992)

[31] C. Natarajan, M. Sharon, C. Levy-Clement, M. Neumann-Spallart, *Thin Solid Films* **257**, 46 (1995)

[32] J. L. Shay, J. H. Wernick, *Ternary Chalcopyrite Semiconductors: growth, Electronic Properties and Applications*, Eds. Pergamon, New York, NY (1975)

[33] G. Hodes, T. Engelhard, C. A. Herrington, L. Kazmersdi, D. Cahen, *In progress in Crystal Growth and Characterisation* Vol. **10**, Eds. Pergamon, Oxford, NY (1984)

[34] G. Hodes, D. Cahen, *Solar Cells* **16**, 245 (1986)

[35] C. D. Lokhande, G. Hodes, *Solar Cells* **21**, 215 (1987)

CAPÍTULO III

EQUIPO EXPERIMENTAL Y SISTEMAS DE CARACTERIZACIÓN

3. EQUIPO EXPERIMENTAL

3.1 Estudio de electrodeposición

3.1.1 Equipo

Los experimentos electroquímicos y la preparación de las electrodeposiciones se ha llevado a cabo mediante un potenciostato/galvanostato Autolab con equipamiento PGSTAT30, como se aprecia en la figura 3.1. A él se le ha conectado una celda convencional con tres electrodos (Fig. 3.2).

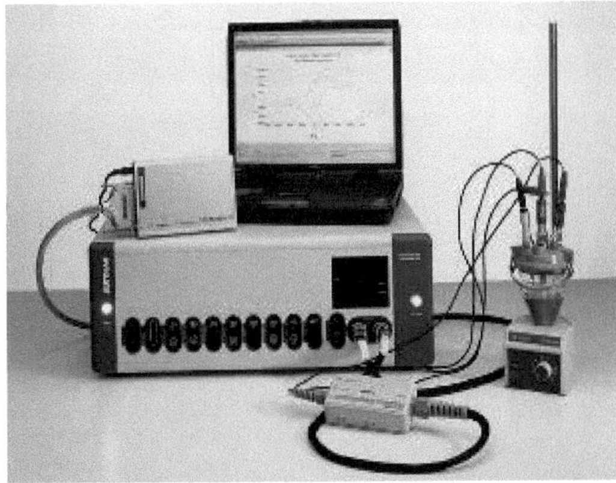

Figura 3.1 Potenciostato/galvanostato AUTOLAB con celda y electrodos.

La celda utilizada, es una celda convencional de 50ml de volumen (Fig.2) en la que se preparará la disolución. En ella se colocan los tres electrodos y la canalización de oxígeno que se disolverá en la solución. El electrodo de referencia utilizado consiste en un electrodo de plata sumergido en una disolución de cloruro de potasio que ha sido saturada de cloruro de plata Ag|AgCl(sat), KCl (3 M). El potencial del electrodo viene determinado por la semirreacción:

$$AgCl(s) + e^- \leftrightarrow Ag(s) + Cl^-$$

Los potenciales siempre serán los referidos a este electrodo. La elección de este electrodo se debe a que los electrodos de Plata/Cloruro se pueden utilizar a temperaturas superiores a los 60ºC.

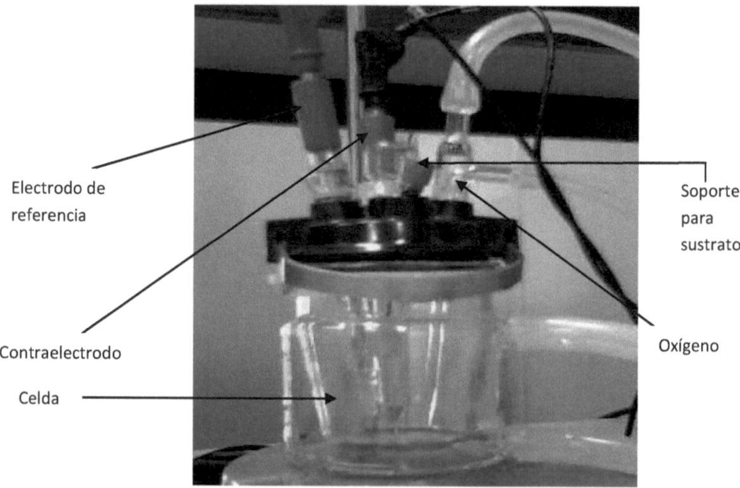

Figura 3.2 Sistema de celda y electrodos para electrodeposición.

Las siguientes figuras muestran los diferentes electrodos utilizados y sus principales características.

- Electrodos de Referencia.

En este trabajo se han utilizado indistintamente dos modelos diferentes de electrodos de referencia, que han funcionado correctamente y que no han modificado en modo alguno los resultados del proceso, la única diferencia entre ellos es que el electrodo de la figura 3, está ubica fuera de la disolución y toma contacto con ella a través de un puente salino mientras que el electrodo de la figura 4 entra directamente en contacto con la disolución.

a) Electrodo con puente salino.

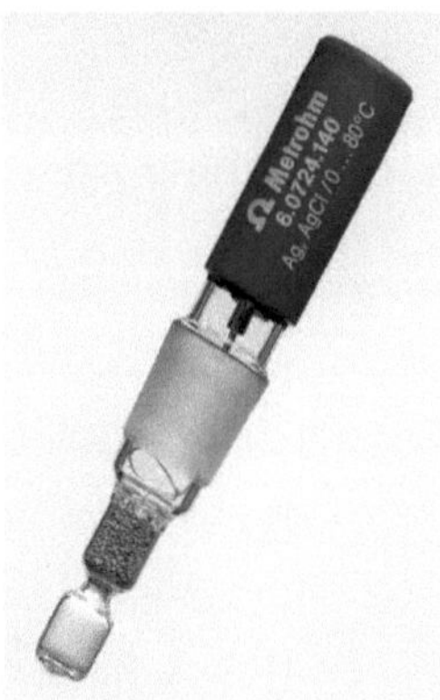

Figura 3.3. Electrodo de referencia de Ag/AgCl modelo6.0724.140 de Metrohm

Características:

Material del mango	Vidrio
Temperatura a largo plazo (°C)	0 ... 80
Temperatura a corto plazo (°C)	0 ... 80
Diámetro del mango superior (mm)	12
Diámetro del mango inferior (mm)	8
Longitud del mango hasta la cabeza (mm)	50
Longitud a partir del esmerilado normalizado (mm)	28
Profundidad de inmersión mínima (mm)	20
Cabeza enchufable de electrodo	Conector hembra Metrohm B
Manguito EN	Esmerilado normalizado 14/15

b) Electrodo de doble depósito.

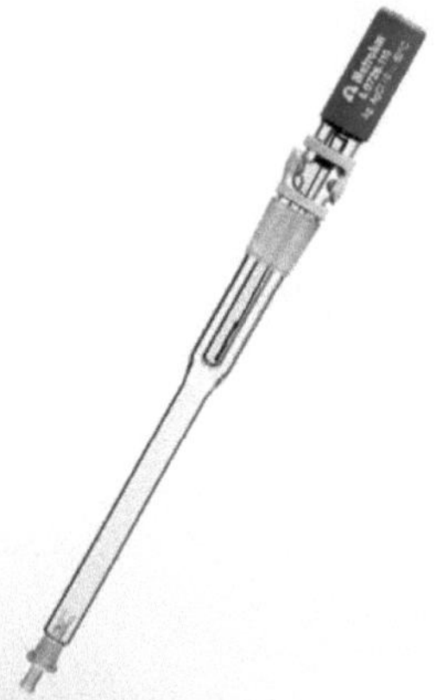

Figura 3.4. Electrodo de referencia de Ag/AgCl modelo6.0726.110 de Metrohm

Características:

Material del mango	Vidrio
Temperatura a largo plazo (°C)	0 ... 80
Temperatura a corto plazo (°C)	0 ... 80
Diafragma	Diafragma esmerilado
Diámetro del mango superior (mm)	12
Diámetro del mango inferior (mm)	8
Longitud del mango hasta la cabeza (mm)	162/83
Longitud a partir del esmerilado normalizado (mm)	125
Profundidad de inmersión mínima (mm)	10
Cabeza enchufable de electrodo	Conector hembra Metrohm B
Tipo del electrodo de referencia interno	Hilo de Ag/AgCl tratado por inmersión
Resistencia (kOhm)	variable
Tipo del electrolito de referencia	variable
Manguito EN	Esmerilado normalizado 14/15
Tapa de llenado	Orificio

- Contraelectrodo.

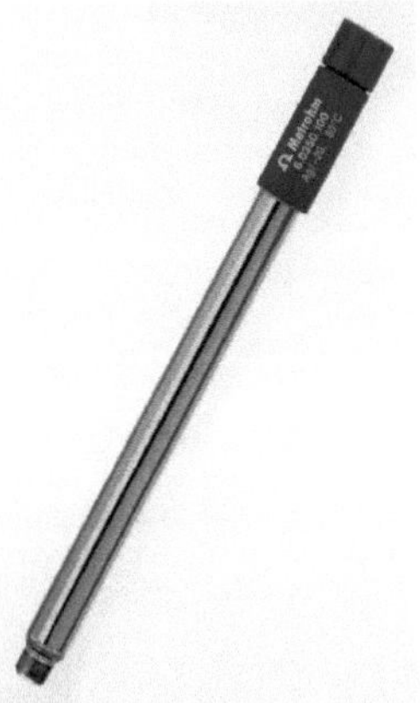

Figura 3.5. Contraelectrodo de anillo de platino separado, modelo 6.0350.100 de Metrohm.

Características:

Material del mango	Vidrio
Gama de medida	–2000 ... 2000
Unidad de medida	mV
Temperatura a largo plazo (°C)	–20 ... 80
Temperatura a corto plazo (°C)	–20 ... 80
Diámetro del mango superior (mm)	12
Diámetro del mango inferior (mm)	12
Longitud del mango hasta la cabeza (mm)	125
Profundidad de inmersión mínima (mm)	7
Cabeza enchufable de electrodo	Cabezal enchufable Metrohm G
Tipo del electrodo indicador	Pt
Forma electrodo indicador	Anillo
Tapa de llenado	No
Resistencia a la presión	> 0

- Electrodo de trabajo.

El electrodo de trabajo es el sustrato ITO o FTO. En el proceso de electrodeposición, parte fundamental es el sustrato sobre el cual se realizará la deposición de la capa del nuevo material. En este trabajo, se han utilizado indistintamente dos sustratos: FTO (F_2O:Sn), ITO(In_2O_3:Sn). Los sustratos están formados por capas conductoras de óxidos transparentes de fluor e índio sobre vidrio, de excelente transparencia (90% en el rango del visible) y una baja resistividad (alrededor de 10Ω/square).

El sustrato se sujeta mediante un soporte de diseño propio hecho en oro, con un acabado en forma de pinza que sujeta el sustrato y permite la conductividad. La elección del metal noble se debe a sus características físicas de conductividad, maleabilidad para adquirir formas y inalterabilidad con el proceso. La figura 3.6 muestra el soporte utilizado en todos los procesos de electrodeposición realizados.

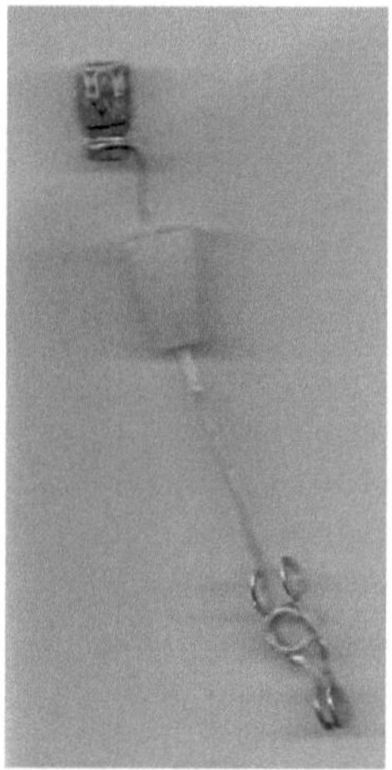

Figura 3.6 Soporte que sujeta el electrodo de trabajo.

- Sistema de calentamiento.

Para la preparación del baño a 90ºC se ha hecho uso de un dispositivo de calentamiento mediante recirculación de agua. En este caso se ha utilizado un baño recirculador, modelo 9712, con un controlador, modelo 7306 con un microprocesador PID de la marca Polyscience.

Figura 3.7 Baño recirculador modelo 9712 con controlador de temperatura modelo7306.

Características principales:

- Alta precisión y extremadamente económico
- Rango de temperatura entre -40º y 200ºC
- Estabilidad de temperatura ± 0.01ºC
- Calibra hasta 30 dispositivos simultáneamente

3.1.2 Proceso de electrodeposición

3.1.2.1 Preparación del sustrato

El sustrato ha sido cortado previamente en superficies de 1x2cm aproximadamente y posteriormente limpiadas con acetona, durante un espacio considerable de tiempo, aclaradas con agua destilada y secadas mediante un sistema de aire caliente.

3.1.2.2 Disoluciones

Para llevar a cabo la deposición, previamente es necesaria la preparación de la disolución donde se incorporaran los precursores. Ésta está formada por un disolvente, en nuestro caso el disolvente orgánico DMSO (dimetilsulfóxido), un electrolito que presenta la fuerza iónica que es el Perclorato potásico en una concentración del 0.1M y finalmente los precursores, que dependiendo del material depositado serán: Cloruro de Cinc, Cloruro de Cadmio, Cloruro de Cobalto y Cloruro de Magnaneso. Los diferentes compuestos unidos a la disolución de oxígeno en el baño, conforman el sistema de electrodeposición. La siguiente tabla muestra las características de las sustancias empleadas en el proceso de deposición.

REACTIVO	COMPOSICIÓN	PUREZA	PROVEEDOR	PESO MOLECULAR
Perclorato Potásico	$KClO_4$	99'0%	FLUKA ANALYTICAL	138.55
Cloruro de cinc	$ZnCl_2$	98'0%	MERCK	136.28
Cloruro de Cadmio	$CdCl_2$+2.5H_2O	99'0%	PANREAC	228.34
Cloruro de Cobalto (II)	$CoCl_2 \cdot 6H_2O$	99'0%	PANREAC	237.93
Cloruro de Manganeso	$MnCl_2 \cdot 4H_2O$	98'0%	PANREAC	197.91
DMSO (Dimetilsulfóxido)	C_2H_6OS	99'9%	SIGMA-ALDRICH	78.13
Acetona	C_3H_6O	99.5%	POCH	58.08
Agua destilada	H_2O	Límite máx impur. $10^{-6}\Omega^{-1}cm^{-1}$	PANREAC	18.016

Tabla 3.1 Características de las sustancias empleadas en el proceso de electrodeposición

3.1.2.3 Variables del proceso de electrodeposición.

El objetivo de este trabajo es la deposición de capas finas de elementos ternarios mediante electrodeposición, para ello en el proceso de obtención de los materiales se han fijado las siguientes condiciones:

Para todos los materiales depositados, el potencial ha sido fijado a -0.9V y la temperatura en 90ºC. La utilización del sistema AUTOLAB ha permitido controlar la cantidad de carga depositada *in situ*, de manera que se ha podido fijar la carga y tener una estimación del grosor de la capa. Las corrientes, aunque bastante constantes dentro de cada proceso, han variado dependiendo del material depositado situándose en general entre -1mA y -0.4mA. El tiempo se ha variado en función de la cantidad de material que se pretendía depositar. El estudio del material obtenido se ha realizado a partir de la deposición de capas con el mismo grosor pero diferentes concentraciones de los precursores en la disolución inicial, y diferente grosor de capas para una misma concentración inicial de precursores. El electrolito de la disolución siempre se ha mantenido con una concentración de 0.1M y el volumen de la disolución se ha fijado en 50ml obligado por las dimensiones de la celda de deposición.

3.1.2.4 Obtención de las muestras y tratamientos posteriores.

Tras la preparación del sistema de electrodeposición con la disolución inicial, colocación de los electrodos y la adición de oxígeno en la disolución se fijan las condiciones anteriores dependiendo del estudio y se realiza de deposición (fig. 3.2). (Éste proceso se ha descrito teóricamente en el capítulo anterior). Obtenida la capa, se procede a su limpieza mediante un baño con DMSO, y posteriormente con abundante agua destilada. Tras este paso se produce el secado de la muestra obtenida mediante un sistema de aire caliente y si se requiere para estudios posteriores puede realizarse un recocido (annealing) de dicha muestra. Para ello se hace uso de un horno de cerámica (fig. 3.8) que dependiendo del estudio variará su temperatura entre 100 y 600ºC.

Figura 3.8. Horno cerámico empleado en el calentamiento de la muestra durante el proceso de annealing.

3.2 Sistemas de caracterización y medidas estructurales

3.2.1 Equipo SEM/EDS

El microscopio electrónico de barrido (Scanning Electron Microscopy), es una técnica no destructiva que permite el estudio de superficie de alta resolución, consiguiendo una imagen al detalle de la capa y el microanálisis de rayos X, para determinar los elementos químicos constituyentes de la muestra y cuantificarlos[1,2]. Esta técnica de observación y análisis se utiliza en todos los campos de la ciencia, medicina, química, biología, metalurgia e incluso mecánica.

3.2.1.1 Principio

Una muestra al vacío se bombardea con un haz de electrones, los cuales impactan en la superficie de la muestra distribuyéndose de manera elástica o inelástica. Aquellos que se distribuyen de manera elástica, manteniendo su energía cinética, son los llamados electrones retrodispersados (back-scattered electrons). Durante el choque, algunos electrones primarios transfieren una parte de su energía cinética a los átomos, provocando la ionización del átomo por expulsión de un electrón, llamado electrón secundario.

La energía de los electrones secundarios es muy débil, (algunas decenas de EV), por tanto únicamente los electrones liberados de las capas superficiales surgen del material.

Es necesario que la muestra sea conductora para que se pueda conducir la electricidad con el fin de descargar los electrones. En caso de ser una nuestra aislante, se recubre con una fina capa metálica (carbono u oro habitualmente).

---

[1] D. E. Newbury, D. C. Joy, P. Echlin, C. E. Fiori, J. I. Goldstein, *Advanced Scanning Electron Microscopy an X-Ray Microanalysis*, Plenum Press, Plenum Publishing Corporation, 233 Spring Street, New York, N. Y. (1983)

[2] P. E. J. Flewitt, R. K. Wild, *Physical Methods for Materials Characterisation*, IOP Publishing Ltd. Techno House, Redcliffe House, Bristol BS1 6NX, UK. (1994)

La siguiente figura recoge el conjunto de radiaciones que son emitidas en la interacción del haz y la muestra. El conjunto de estas radiaciones se produce simultáneamente y permiten la observación y el análisis de los materiales.

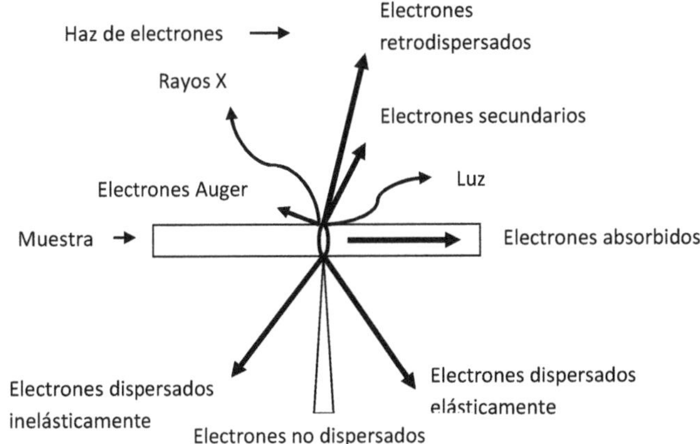

Figura3.9 Esquema del conjunto de radiaciones emitidas con la interacción del haz en la muestra.

Como se observa en la figura 3.9, se distinguen:

a) Electrones secundarios, los cuales son producidos por el paso de los electrones que inciden cerca del átomo. El electrón incidente puede transmitir parte de su energía a un electrón ligado a la banda de conducción, provocando así la ionización y expulsión de este último. La energía cinética de este último no podrá superar el 50eV. Cada electrón incidente puede producir múltiples electrones secundarios, que constituyen la mayoría de las señales emitidas por la muestra. Debido a sus bajas energías, sólo los electrones secundarios emitidos cerca de la superficie (<10 nm) pueden abandonar la muestra y ser recogidos por el detector.

Cualquier variación topográfica cambiará la cantidad de electrones secundarios recogidos.

b) Electrones retrodispersados se producen con la colisión entre un electrón del haz incidente y un átomo de la muestra. Estos son los electrones primarios que han respondido de forma elástica con los núcleos de los átomos en la muestra. Están dispersados en todas direcciones y sufren poca pérdida de energía. Debido a la gran cantidad de energía que conservan, los electrones retrodispersados recuperados pueden proceder de profundidades mayores a las de los electrones secundarios. Tiene una sensibilidad topográfica mucho menor. Debido a su origen, la cantidad de electrones retrodispersados aumenta con el número atómico de los átomos constitutivos de la muestra.

c) Los rayos X (o fotones X), permiten que un átomo ionizado bajo el impacto del haz de electrones pueda volver a su estado fundamental. Cuando un electrón de una capa interna de un átomo es expulsado, un electrón de una capa exterior rellenará el hueco. La diferencia de energía entre estas dos capas causa la emisión de un fotón X. Los fotones X, tienen una energía característica de cada uno de los elementos que los emitió. Estos fotones son recogidos y clasificados en función de su energía (EDS) y su longitud de onda (WDS) para informarnos sobre la composición de la muestra.

3.1.2.2 Dispositivo SEM

El dispositivo experimental es un sistema complejo que se puede dividir en los siguientes elementos, como indica el esquema de la figura 3.10.

- Cañón de electrones.

  El cañón de electrones produce los electrones primarios. La fuente emisora de electrones más utilizada es un filamento de tungsteno que se calienta al rojo-blanco por medio de una corriente eléctrica, en un vacío del orden de 10^{-5} Torr. Entre el ánodo acelerador y el filamento se coloca un electrodo adicional, llamado cilindro de Wehnelt o placa catódica, que permite que los electrones emitidos por el filamento se focalicen en un punto ligeramente por debajo del cilindro de Wehnelt. Con un diseño adecuado y un potencial convenientemente elegido, se puede lograr una zona de entrecruzamiento de diámetro menor que el diámetro de la zona emisora de electrones en el filamento. En efecto, mientras esta última es del orden de 90μm, la zona de entrecruzamiento puede llegar a unos 10μm. El potencial de aceleración de los electrones puede variar entre 0.5 y 50kV, dependiendo de las características de las muestras a observar. La intensidad de la corriente del haz fluctúa entre 10^{-7} y 10^{-12} A.

- Columna electrónica.

  La columna electrónica consta de tres lentes electromagnéticas básicamente. Estas lentes focalizan el haz de electrones en un punto, para reducirlo desde un diámetro de 50μm a valores comprendidos entre 25 y 10nm cuando incidan sobre la muestra. Para mayor rendimiento es necesaria una focalización lo más puntual posible. Los parámetros a ajustar son el brillo del haz y las propiedades ópticas de la lente final focal. En la columna electrónica existen también bobinas de desviación que permiten el barrido de la muestra por el haz.

- Detector de electrones secundarios.

  La detección de los electrones secundarios se realiza mediante un detector que sigue el principio de Everhart y Thornley (1960). Este detector utiliza uno de los mejores sistemas de amplificación de corriente: el fotomultiplicador. Los electrones secundarios colectados alcanzaran un centellador, donde se origina una señal luminosa que se amplifica por un fotomultiplicador, dando lugar a una cascada de fotones. Estos fotones inciden en el fotocátodo, que es parte del fotomultiplicador, y se genera finalmente una señal eléctrica amplificada, capaz de modular el haz de un tubo de rayos catódicos, obteniéndose de esta forma la imagen. El alto voltaje que se aplica a la grilla del detector hace que los electrones secundarios, de baja energía, recorran una trayectoria curva al dejar la superficie de la muestra. Esto permite obtener señales de regiones muy inclinadas con respecto al detector, además de acelerarlas en dirección a él.

- Detector de electrones retrodispersados.

  El detector de electrones retrodispersados se basa en diodos de silicio. Tiene dos sectores sensibles de con la misma área. Esto permite dos modos de funcionamiento:

  Modo de composición: A+B, donde las imágenes obtenidas de una muestra pulida destacan las fases que la constituyen.

  Modo topográfico: A-B, donde las señales que provienen de la composición se cancelan y el resto procedentes de la parte topográfica se añaden.

- Detector de rayos X (EDS).

  El detector de rayos X es un detector de energía, que se trata de un diodo de silicio dopado con litio. Donde cada fotón que alcanza el diodo produce un pulso de voltaje de salida proporcional a la energía de este fotón X. El espectro obtenido es un histograma del número de pulsos en función de su altura (la altura es la energía de los fotones X).

- Formación de la imagen.

  La imagen se obtiene secuencialmente punto a punto moviendo el haz de electrones primarios en la superficie de la muestra, reconstruyendo la imagen mediante la señal generada por los distintos sensores para regular el brillo del tubo catódico. La relación entre la forma de la pantalla y el área escaneada de la muestra determina la ampliación.

- Procesamiento de la información.

  Las distintas partículas emitidas dan lugar a diferentes tipos de imágenes:

  - Imagen de los electrones secundarios:

    El detector de electrones secundarios se compone principalmente de una jaula de Faraday, un scintillator fotocultiplicador y un colector ligeramente polarizado (+200V). Dependiendo de la profundidad de penetración del haz, tendremos una buena resolución. Y dependiendo de la potencia (50eV), se obtendrá el análisis de la superficie.

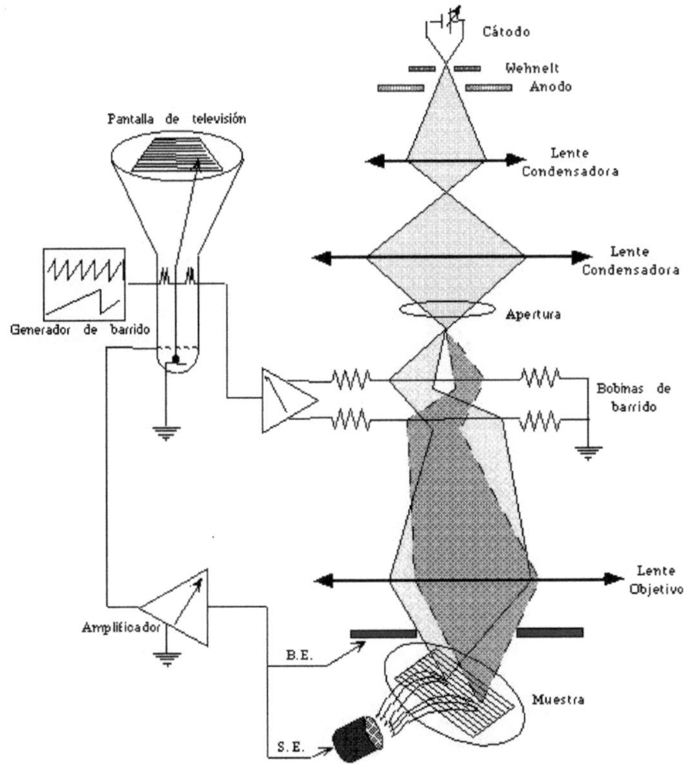

Figura 3.10 Esquema de un microscopio electrónico de barrido (SEM).

- Imagen de los electrones retrodispersados:

  El sensor de electrones retrodispersados (BSE) consta de un anillo de semiconductores. Para una alta profundidad de penetración, se obtiene baja resolución. La energía media del haz primario va entre 5-30kV. La imagen de contraste de fase, en función del número atómico del elemento, indicará las áreas donde la muestra contiene áreas con un número atómico alto con un color más blando que aquellas que tienen un número atómico más bajo.

- Imagen por emisión de rayos X:

  Se efectúa análisis EDS, de muestras de masa o capas delgadas en la microscopía electrónica de barrido. A partir de la recuperación de las señales de fotones X por parte de un detector. El detector de rayos X utilizado es un pequeño tubo que tiene en su parte final un semiconductor mantenido a una temperatura de nitrógeno líquido. Una ventana situada en la parte delantera del detector deja pasar los rayos X y reserva el nitrógeno líquido. El espectro de la distribución normal presenta todos los rayos X emitidos de las capas K, L y M, y todos los elementos químicos de energía entre 0 y 10keV o entre 0 y 20keV.

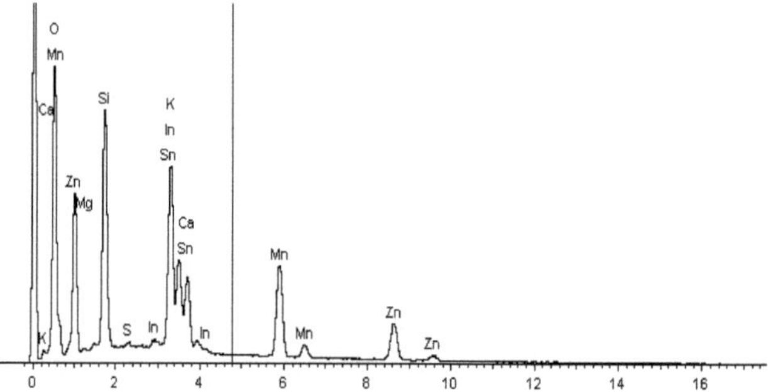

Figura 3.11 Ejemplo de un espectro de análisis de EDS.

El sistema SEM empleado para el estudio de las muestras de este trabajo es el Jeol-JSM 6300 como muestra la fotografía de la figura 3.12.

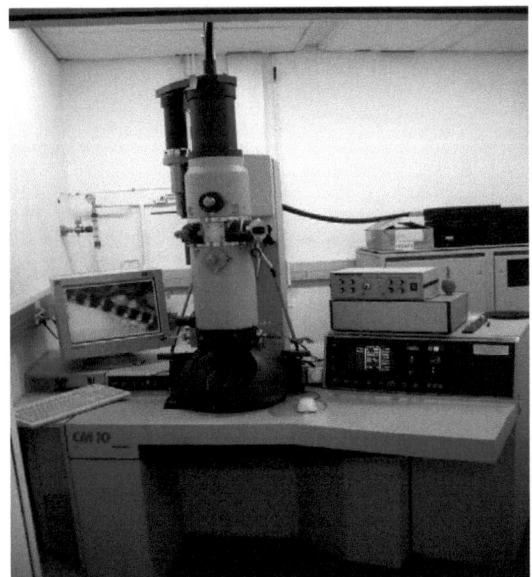

Figura 3.12 Equipo Jeol-JSM 6300

Sus características más básicas son:

- El límite mínimo de detección (MDL) se sitúa alrededor del 0,1% (≈300ppm) según el elemento.
- El rango de medición va desde el MDL hasta el 100% con una precisión del 1-5% en todo el rango (B-U).
- Es un método básicamente no destructivo, aunque el vacío del microscopio es incompatible con la materia viva.

- Sólo detecta elementos, no distingue entre distintas especies químicas.
- El método es cuantitativo.
- La resolución espacial depende del voltaje de aceleración, del número atómico de la muestra y de su grosor, así como de la tecnología del microscopio electrónico. El volumen analizado es aproximadamente de 0,1 μ^3

3.2.2 Equipo de Difractograma de rayos X

Esta técnica permite determinar las distancias interatómicas y el ordenamiento de los átomos en las redes cristalinas debido a la difracción de los rayos X al penetrar en el material. Este fenómeno permite conocer la naturaleza cristalográfica de cada material al estudiar las variaciones en la difracción de los rayos al incidir en el mismo. El grado (2θ) de difracción depende de la energía de la radiación incidente y la distribución espacial de los átomos. El difractograma de difracción constituye la huella característica de la estructura cristalina analizada. Las mediciones se efectúan con el dispositivo de la figura 3.9, que consta de un tubo emisor de radiaciones de rayos X, que emite una radiación a la muestra a caracterizar, de la cual se difracta una porción de la radiación emitida a un sistema detector. El difractrograma se puede obtener directamente a partir de un fragmento sólido o de pequeñas cantidades de polvo.

3.2.2.1 Principio

La difracción de rayos X es un técnica no destructiva, que permite determinar las fases minerales mono y policristalinas, de los materiales midiendo sus propiedades estructurales tales como el tamaño de los granos, el estado epitaxial (la estructura cristalina que emerge), la composición de fase, la orientación preferencial y los defectos estructurales.

El estado cristalino se caracteriza por la distribución triperiódica en el espacio de un motivo atómico. Esta distribución ordenada constituye los planos paralelos y equidistantes conocidos como planos reticulares (h, k, l). Las distancias interreticulares son del orden de 0.15 a 15Å y dependen de la disposición y del diámetro de los átomos en la red cristalina. Son constantes que caracterizan el cristal y se calculan utilizando la difracción de rayos X.

La difracción es un fenómeno ondulatorio basado en la interferencia de las ondas dispersadas por los átomos del material. Para la observación de la difracción en los sólidos se utilizan ondas cuya longitud de onda sea menor o del orden del espaciado entre los átomos del material. El hecho de poseer una longitud de onda del orden de los Amstrongs, rango habitual para las distancias interatómicas en los sólidos, convierte los rayos X que se sitúan alrededor de una longitud de onda de 1 Amstrong en el vacío. La utilización de una sonda de Cu es excelente puesto que para este material estamos hablando de una longitud media de 1.5418Å. Cuando un haz de rayos X monocromático y paralelo irradia un material cristalino, se difracta en una dirección dada por cada una de las familias de planes reticulares cada vez que se cumple la ley de Bragg[3,4]:

$$\mathbf{n\lambda = 2d\sin\theta,}$$

donde n es el orden de difracción, λ es la longitud de onda del haz de rayos X, d la distancia entre dos planos reticulares (distancia interplanar) y θ el ángulo de incidencia de rayos X (ángulo de Bragg).

Cuando un haz de rayos X incidente con un ángulo θ, impacta en una superficie sólida, produce un rayo reflejado si se cumple:

$$\mathbf{2d_{\mathit{hkl}}\sin\theta = n\lambda,}$$

donde λ es la longitud de onda de la radiación utilizada, θ el ángulo de radiación incidente y reflejado, y d_{hkl} la distancia entre los planos reticulares (h, k, l).

En este trabajo, el análisis de las capas depositadas de los distintos materiales se efectuó con un difractómetro "Rigaku Ultima IV" utilizando la radiación Kα de cobre (λ = 1.541841±0.002Å).

---

[3] B. D. Cullity, S. R. Stock, *Elements of X-ray diffraction*, Prentice Hall, New Jersey (2001)

[4] M. Rodríguez-Gallego, *La difracción de los rayos X*, Alambra Universidad de Madrid (1982)

Del difractograma de rayos obtenido se extrae la siguiente información:

- La identificación de la naturaleza de los compuestos cristalinos depositados (fases cristalinas y composición química), comparando las distancias interplanares d y sus intensidades integradas medidas en el difractograma de la muestra con los patrones estándares conocidos en bases de datos como JCPDS (Join Comité on Powder Diffraction Standards) o ASTM (American Society for Testing and Materials).

- La determinación de la orientación preferente que corresponde al pico del plano reticular (h, k, l) de mayor intensidad representada en el difractograma.

3.2.2.2 Dispositivo: RIGAKU ULTIMA IV

Las radiaciones X poseen la propiedad de atravesar un material y ser difractados por los átomos. La técnica permite determinar las distancias interatómicas y el ordenamiento de los átomos en las redes cristalinas. Como los rayos X se difractan de diferente manera por los elementos de la red según la construcción de esta última, la irradiación de la materia por rayos X permite conocer su naturaleza cristalográfica.

El grado (2θ) de difracción depende de la energía de la radiación incidente y la distribución espacial de los átomos (o su estructura cristalina). El difractograma de difracción constituye la huella característica de la estructura cristalina analizada.

Las mediciones se efectuarán con un dispositivo que consta de un tubo emisor de radiaciones de rayos X, que emite una radiación a una muestra, la cual difracta una porción de la radiación emitida a un sistema detector. Esta técnica es utilizada principalmente por los geólogos para identificar los minerales. Los difractogramas de difracción se pueden obtener directamente a partir de un fragmento sólido, o de pequeñas cantidades de polvo (espectro de polvo).

En las figuras 3.13 y 3.14 se muestran el equipo empleado y el esquema del sistema de difracción de rayos X interno del mismo, respectivamente.

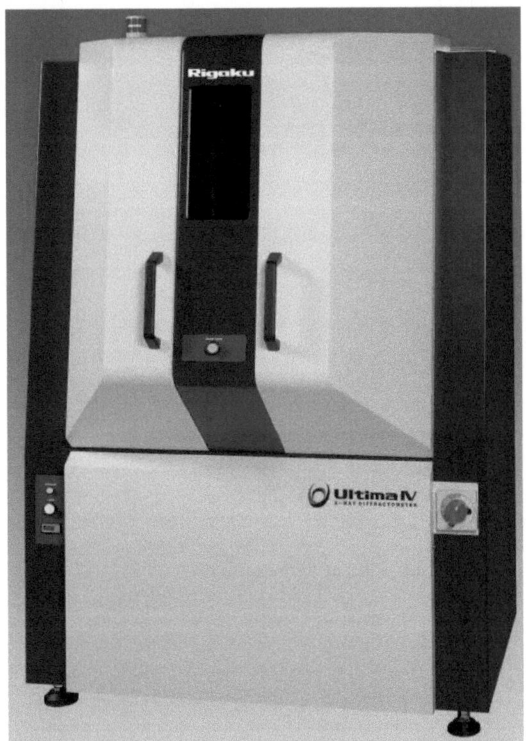

Figura3.13 Fotografía del equipo Rigaku Ultima IV.

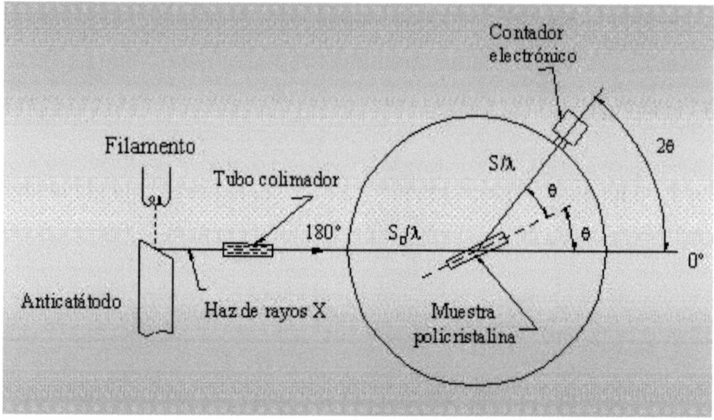

Figura 3.14 Esquema de funcionamiento de un difractómetro de rayos X.

3.2.3 Equipo de Microscopía de fuerza atómica (AFM)

Este microscopio permite la visualización y obtención de imágenes tridimensionales de la superficie de una muestra que pueden ser aislantes o conductoras. Con esta técnica se puede realizar un estudio de la formación y tamaño de los granos y rugosidad de las películas.

3.2.3.1 Principio

Su funcionamiento consiste en la detección de la fuerza de interacción de corto alcance que existe entre la superficie de la muestra y la punta del instrumento (aproximadamente 100 Å de diámetro) haciendo que esta se flexione, figura 3.15, realizando un barrido de la muestra en el plano XY, la magnitud de esta interacción depende básicamente de la distancia entre estas dos, una vez detectada esta fuerza de interacción la punta crea un plano Z manteniendo la interacción constante durante todo el barrido, de esta forma se logra construir mediante el software una imagen de dos o tres dimensiones.

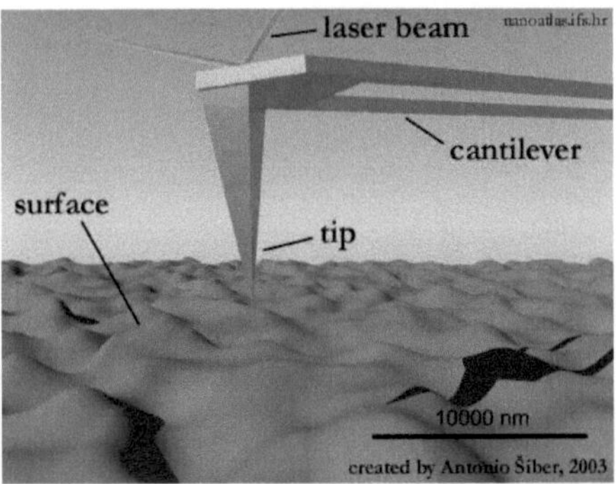

Figura 3.15 Esquema Microscopía de fuerza atómica (AFM)

Las aplicaciones para este microscopio se basan en el análisis topográfico de la muestra que permite dar información y conocer la rugosidad y la porosidad de la muestra. Proporciona información sobre la elasticidad del material y la adhesión de este en la muestra.

3.2.3.2 Dispositivo empleado

El dispositivo AFM empleado para el estudio de superficies de este trabajo es el Nonescope IIIa de VEECO como muestra la fotografía de la figura 3.16.

Características básicas

- Este microscopio se distingue porque posee una alta resolución para observar características de la muestra que con otros microscopios no se pueden ver, como la rugosidad y el tamaño o forma de los granos.
- Debido a su fácil acceso de trabajo en ambiente normal o en atmosferas controladas, no es necesaria la preparación anticipada de la muestra.
- Un factor importante es que no tiene carácter destructivo pro la interacción con la muestra.

- No existen alguna limitación con la forma, tamaño o naturaleza conductora o aislante de esta.
- Debido a que la punta hace contacto con la superficie de la muestra se pueden originar cambios en su superficie.
- La punta puede sufrir daños o destrucción por el contacto.
- Se puede generar cargas electrostáticas de superficie

Figura 3.16 Dispositivo AFM modelo Nonescope IIIa de Veeco.

3.2.4 Equipo de Rayos Raman

La espectroscopia Raman consiste en un proceso de difusión que da información a nivel molecular a partir del análisis vibracional y rotacional de especies químicas[5,6]. Como consecuencia del efecto de difusión, esta técnica no requiere ninguna preparación previa de la muestra.

3.2.4.1 Principio

El análisis mediante espectroscopía Raman se basa en el examen de la luz dispersada por un material al incidir sobre él un haz de luz monocromático. Una pequeña porción de la luz es dispersada inelásticamente experimentando ligeros cambios de frecuencia de la luz incidente. Para el análisis, se hace incidir un haz de luz monocromática de frecuencia ν_0 sobre una muestra cuyas características moleculares se desean determinar, y examinar la luz dispersada por dicha muestra. La mayor parte de la luz dispersada presenta la misma frecuencia que la luz incidente pero una fracción muy pequeña presenta un cambio frecuencia, resultado de la interacción de la luz con la materia.

La luz que mantiene la misma frecuencia ν_0 que la luz incidente se conoce como dispersión Rayleigh y no aporta ninguna información sobre la composición de la muestra analizada. La luz dispersada que presenta frecuencias distintas a la de la radiación incidente, es la que proporciona información sobre la composición molecular de la muestra y es la que se conoce como dispersión Raman. Las nuevas frecuencias, $+\nu_r$ y $-\nu_r$ son las frecuencias Raman, características de la naturaleza química y el estado físico de la muestra e independientes de la radiación incidente.

Las variaciones de frecuencia observadas en el fenómeno de dispersión Raman, son equivalentes a variaciones de energía.

Los iones y átomos enlazados químicamente para formar moléculas y redes cristalinas, están sometidos a constantes movimientos vibraciones y rotacionales; estas oscilaciones se realizan a frecuencias bien determinadas en función de la masa de las partículas que intervienen y del comportamiento dinámico de los enlaces existentes.

A cada uno de los movimientos vibracionales y rotacionales de la molécula le corresponderá un valor determinado de la energía molecular. Cuando los fotones del haz de luz incidente, con energía $h\nu_0$ (donde h es la constante de Planck) mucho mayor a la diferencia de energía entre dos niveles vibracionales (o rotacionales) de la molécula, chocan con ella, la mayor parte la atraviesan pero una pequeña fracción son dispersados (del orden de 1 fotón dispersado por cada 10^{11} incidentes).

---

[5] P. Y. Yum M. Cardona, *Fundamentals of Semiconductors*, **Cap. 3**, Springervelag, New York, (1996)

[6] C. R. Brundle, C. A. Evans Jr, S. Wilson, *Encyclopedia of materials characterization*, Butterworth-Heinemann, Boston (1992)

Esta dispersión puede ser interpretada como el proceso siguiente: el fotón incidente lleva a la molécula transitoriamente a un nivel de energía vibracional (o rotacional) superior no permitido, el cual abandona rápidamente para pasar a uno de los niveles de energía permitidos emitiendo un fotón; la frecuencia a la cual es liberado este fotón dependerá del salto energético realizado por la molécula.

Pueden distinguirse los siguientes casos:

- Si el resultado de la interacción fotón-molécula es un fotón dispersado a la misma frecuencia que el fotón incidente, se dice que el choque es elástico ya que ni el fotón ni la molécula surgen variaciones en su estado energético; la molécula vuelve al mismo nivel de energía que tenía antes del choque y el fotón dispersado tiene la misma frecuencia v_0 que el incidente, danto lugar a la dispersión Rayleigh;
- Si el resultado de la interacción fotón-molécula es un fotón dispersado a una frecuencia distinta de la incidente, se dice que el choque es inelástico (existe transferencia de energía entre la molécula y el fotón); en este caso pueden darse dos fenómenos:
  - Si el fotón dispersado tiene una frecuencia menor a la del incidente se produce una transferencia de energía del fotón a la molécula que, después de saltar al estado de energía no permitido, vuelve a uno permitido mayor que tenía inicialmente; el fotón es dispersado con frecuencia v_0-v_r y se produce la dispersión Raman Stokes;
  - Si el fotón dispersado tiene una frecuencia mayor a la del incidente, se produce una transferencia de energía de la molécula al fotón; esto significa que la molécula, inicialmente antes del choque no se encontraba en su estado vibracional fundamental sino en uno de mayor energía y después del choque pasa a este estado; el fotón es dispersado con frecuencia v_0+v_r y se produce la dispersión Raman anti-Stokes.

Cada material tendrá un conjunto de valores v_r característicos de su estructura poliatómica y de la naturaleza de los enlaces químicos que la forman.

El espectro Raman recoge estos fenómenos representando la intensidad óptica dispersada en función del número de onda normalizado υ al que se produce. El número de onda normalizado es una magnitud proporcional a la frecuencia e inversamente proporcional a la longitud de onda, que se expresa en cm^{-1}.

$$\upsilon = v/c = 1/\lambda \quad [cm^{-1}]$$

3.2.4.2 Dispositivo utilizado

Para realizar las medidas Raman se ha utilizado un espectrómetro LabRAM HR UV (Fig. 3.17) conectado a una cámara Peltier-cooled CCD. El sistema tiene dos rejillas de difracción (1200 y 2400 tr/mm) para medidas de baja y alta resolución. Posee tres líneas láser: 633nm del HeNe laser, 532 nm de láser de estado sólido, y la 325 nm del láser de HeCd. Las medidas han sido realizadas con la rejilla de difracción de 1200 tr/mm y el láser de línea de excitación de 532 nm obteniendo una resolución espectral total de 3 cm^{-1}.

Figura 3.17 Espectrómetro Raman LabRAM HR UV

3.3 Equipo de medidas ópticas: Transmitancia

La caracterización óptica determina las propiedades ópticas de los compuestos que fueron depositados en las muestras. Mediante esta caracterización se puede obtener información acerca del comportamiento de la muestra cuando es sometido a longitudes de onda diferentes, entre estas técnicas están se encuentra el estudio de la transmitancia. La transmitancia es la propiedad de los materiales de dejar pasar las diferentes longitudes de onda a través de los mismos o absorber deteminadas longitudes de onda.

El esquema de la figura 3.18 muestra el dispositivo experimental utilizado en el estudio de la transmitancia de las muestras.

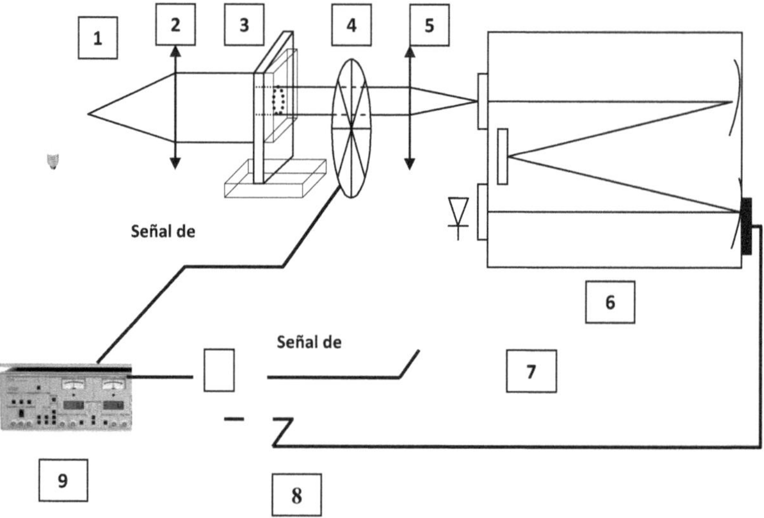

Figura 3.18 Esquema del sistema para medidas de transmitancia óptica.

1. Luz policromada con emisión intensa en el ultravioleta.
2. Lente convergente que enfoca el haz.
3. Portamuestras.
4. Chopper, modula la señal, cuya frecuencia de rotación elegida es de 333Hz (ajustable).
5. Lente convergente que centra el haz sobre la rendija de entrada del monocromador.
6. Monocromador.
7. Detector alimentado por un generador a 0.7V.
8. Ordenador que controla el monocromador.
9. Lock-in amplificador, puesto en fase de las señales de referencia y de medida para evitar que interfiera destructivamente, y amplifica estos últimos.

Para su correcta utilización se realiza un ajusto del monocromador con un láser, para la rendija de entrada y de salida. Se utiliza habitualmente la red denominada 52025 más precisa en los ultravioletas, sensible entre las longitudes de onda 190 y 700nm, donde se encuentra el gap de los materiales que vamos a analizar. Los comandos posición, sensibilidad y configuración permiten regular la longitud de onda de luz transminitda, maximiza la señal y optimizan las medidas respectivamente. Una vez optimizado el sistema se procede a medir. El incremento de longitud de onda durante el barrido es de 1 a 5 nm.

En la figura siguiente se muestra la pantalla de ajuste del sistema, que indica los parámetros de control del monocromador y el lock-in amplificador.

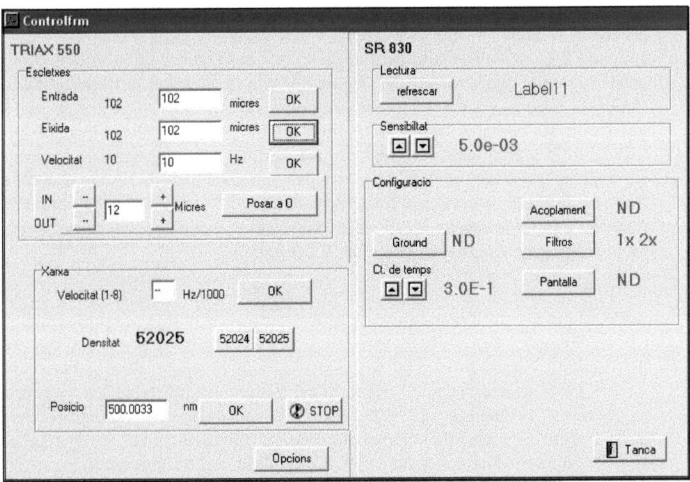

Figura 3.19 Pantalla de ajuste del sistema

El resultado es la gráfica que muestra la transmitancia de cada muestra en función de la longitud de onda. Donde se observaran los posibles puntos de absorción dentro del rango del visible para las diferentes muestras de las capas depositadas.

3.4 Equipo de medidas magnéticas: SQUID

3.4.1 Principio.

Las medidas magnéticas se han realizado gracias a la colaboración del Departamento de Química Inorgánica de la Universitat de València, haciendo uso del susceptómetro de tipo SQUID (*Superconducting Quantum Interference Device*). Concretamente se trata del modelo MPMS-XL-5 de Quantum Design. La muestra se sitúa dentro de una cápsula de plástico diamagnético que se ha calibrado previamente en el mismo intervalo de temperaturas y campo magnético que será aplicado a las muestras. Esta cápsula se coloca en el centro de un pequeño tubo de plástico, que se fija a un extremo de una varilla de aluminio o fibra de vidrio. La varilla se introduce en una antecámara donde se realizan varias purgas con helio gaseoso, antes de hacer bajar la muestra hacia la cavidad mediante la apertura de la válvula de la antecámara. Para realizar una medida, se hace pasar una muestra entre las bobinas que se encuentran en la cavidad situada a 3cm de distancia entre ellas. En estas bobinas se crea una corriente inducida, ΔI, causada por la variación del flujo del campo magnético, ΔΦ en las bobinas, el valor del cual se relaciona con esta variación de flujo y una impedancia del circuito:

$$\Delta I = \frac{\Delta \Phi}{L}$$

Dado que la variación del flujo es proporcional al momento magnético de la muestra, la medida de esta corriente inducida nos permite determinar directamente el momento magnético. Esta corriente inducida se detecta por el circuito superconductor llamado SQUID, medido con un voltímetro de precisión, oscila con el movimiento cíclico de la muestra y es máximo cuando la muestra pasa por las bobinas. La diferencia entre los picos correspondientes a cada bobina es la lectura que indica el instrumento, una vez transformada matemáticamente para expresarla en unidades de emu g^{-1} o bien emi mol^{-1}. Este método reduce ruidos de fondo y desviaciones instrumentales. Además, el detector superconductor proporciona dos ventajas importantes respecto de los detectores de bobinas convencionales:

i) La intensidad generada es independiente de la velocidad del cambio de flujo magnético.
ii) La sensibilidad de la detección de cambios de flujo es mucho mayor en un detector de tipo SQUID.

El campo magnético se genera mediante un solenoide superconductor que está especialmente compensado para ofrecer un campo magnético uniforme. Para las medidas de magnetización, se mantiene la temperatura constante y se hace variar el campo magnético, generalmente entre 0 y 5T. Esta variación se consigue modificando la corriente del solenoide superconductor. Cuando se consigue el campo deseado, se cierra el circuito superconductor, y así queda atrapada la corriente en el solenoide superconductor y por tanto el campo magnético. Este sistema reduce el ruido de fondo y las oscilaciones de la fuente de alimentación. Al mismo tiempo, se reduce el consumo de helio, debido a que el solenoide superconductor no disipa calor. El otro tipo de medidas típicas que se realizan con el susceptómetro es la medida de la susceptibilidad magnética en función de la temperatura. En este caso, se fija el campo magnético y se hace variar la temperatura (generalmente entre 2 y 400K).

La temperatura de las muestras se controla mediante helio gaseoso que se obtiene por la evaporación de He líquido en un Dewar, el flujo del cual se controla con una válvula de precisión. La temperatura de este helio gaseoso se controla mediante un calentador situado justo debajo de la cámara de medida. Dos termómetros, situados en la entrada del helio gaseoso y cerca de la muestra, miden continuamente la temperatura. Para llegar a bajar hasta temperaturas de 2K, se llena un pequeño depósito con helio líquido junto a la muestra que se encuentra a 4.2K, y se reduce su presión, lo que consigue que se rebaje 2.5K por debajo de su punto de ebullición.

En general, los susceptómetros proporcionan la medida de imantación, que es proporcional al campo magnético en un amplio intervalo. El factor de proporcionalidad es la susceptibilidad magnética, χ. De este modo, el cálculo de la susceptibilidad resulta inmediato a partir de la medida de la imantación suministrada por el susceptómetro y del valor del campo magnético en el que se realiza la medida. Asimismo, la susceptibilidad calculada de esta manera corresponderá a la muestra considerada en cada caso. Con la finalidad de poder establecer comparaciones la susceptibilidad se divide por la masa de la muestra, si pretendemos obtener la susceptibilidad por gramo (χ_g) y multiplicamos por el peso molecular si queremos dar la susceptibilidad molar (χ_m). En las medidas de susceptibilidad, resulta más informativo el conocimiento de su comportamiento con la temperatura por tanto, es común medir la respuesta de la imantación de la muestra para cada una de las temperaturas.

3.4.2 Equipo Quantum Design MPMS XL-5 SQUID

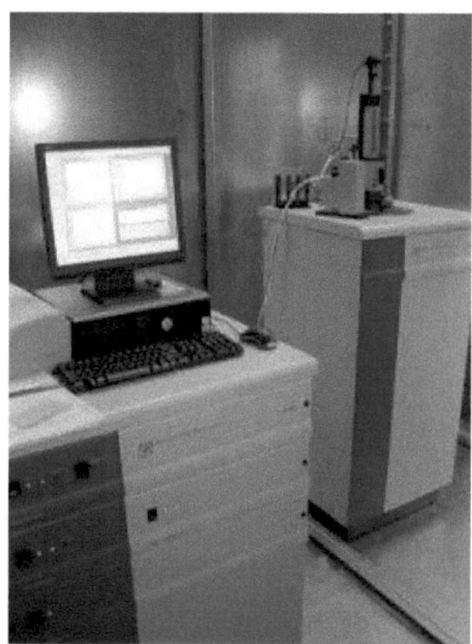

Figura 3.20 Equipo Quantum Design MPMS XL-5 SQUID Magnetómetro.

Características:

- Rango de campos magnéticos: ±5 Tesla
- Estabilidad del campo: 1 ppm/hora
- Rango de medidas ±5.0 EMU
- Modos de medida DC y RSO
- Medida de Suceptibilidad AC
- Tamaño máximo de muestra: 9 mm

- Rango de temperaturas: 1.9 K – 400 K. Dispone además de control continuo de temperatura, lo que permite una estabilidad térmica de ±0.5%.
- Software MPMS Multi Vu, operado bajo Windows, que permite controlar todos los aspectos del proceso, desde el diseño del experimento hasta el análisis de datos y la presentación de resultados.

Aplicaciones:

El estudio del magnetismo desempeña un papel cada vez más importante en el análisis y la caracterización de materiales. El sistema MPMS (Magnetic Property Measurement System) mide el momento de una muestra cuando ésta se mueve en el seno de una bobina superconductora enfriada con helio líquido. Con este sistema se puede medir la magnetización DC y la susceptibilidad AC. Las medidas que se llevan a cabo para determinar la magnetización DC se hacen con el campo magnético fijo. Por su parte, para estudiar la susceptibilidad AC se varía el campo mediante un sintetizador programable.

Las aplicaciones del sistema MPMS van más allá de la física y la química y comprenden la investigación en geología, biología, ingeniería de materiales e incluso la industria electrónica.

CAPÍTULO IV

OBTENCIÓN DE CAPAS FINAS DE ZnCdO

4. OBTENCIÓN Y CARACTERIZACIÓN DE CAPAS DE ZnCdO

En este capítulo se realiza el estudio y caracterización estructural y óptica de las capas de ZnCdO obtenidas por el método de electrodeposición.

4.1 Obtención de las capas de ZnCdO.

Se obtienen diferentes capas de ZnCdO utilizando una celda electroquímica con tres electrodos, con el sistema de control AUTOLAB, DMSO como disolvente orgánico, con $KClO_4$ como fuerza iónica al 0.1M y O_2 en disolución. Para la obtención de las diferentes muestras se preparan varias disoluciones con diferentes concentraciones de Cloruro de Zinc y Cloruro de Cadmio. Para establecer las condiciones del proceso se realiza una voltametría cíclica. En la gráfica de la figura 4.1 se muestra la voltametría cíclica que barre desde 0.2 a -1.1 v con una velocidad de 2 mV/s a), donde la voltametría cíclica de la disolución compara los voltagramas de las disoluciones en ausencia de oxígeno y saturadas en O_2. En todos los casos el proceso comienza a 0V. A la vista de la gráfica se distinguen tres curvas la primera con iones Zn^{+2} en saturación de O_2 y las otras con disoluciones de iones Zn^{+2} y Cd^{+2} con una relación 1:3 respectivamente, en ausencia de oxígeno y saturadas en O_2. En presencia de Zn^{+2} y O_2 se produce una corriente catódica que comienza en -850mV aproximadamente.

En el caso de Zn^{+2} yCd^{+2}, se distinguen dos curvas: cuando la disolución se presenta en ausencia de oxígeno, se produce una corriente catódica o de reducción que comienza en – 0.7mV (ecuación 4.1) y una corriente anódica o de oxidación (ecuación 4.2) elevada en el ciclo de retorno (después de llegar al límite de -1100mV).

$$Cd^{+2} + 2e^{-} \rightarrow Cd \tag{4.1}$$

$$Cd \rightarrow Cd^{+2} + 2e^{-} \tag{4.2}$$

En el caso de la disolución en saturación de O_2, la curva varía respecto de la anterior, produciéndose una corriente anódica para un potencial de -0.70V como en el anterior pero en el ciclo de retorno (después de llegar al límite de -1100mV), la corriente anódica no llega a los límites de la curva anterior. Por tanto, en presencia de O_2 se aprecia una variación de la curva en el ciclo de retorno. No se produce la oxidación del Cd lo que demuestra que no se ha reducido el Cd sino el oxígeno. Se elige un valor del potencial para el proceso de crecimiento de -0.9V (potencial de reducción del oxígeno) que se corresponde con una corriente un poco superior a -1mA, (que coincide con la corriente óptima para la deposición galvanostática según la literatura[1]).

Esta respuesta de potencial-corriente se realiza a 90ºC de temperatura, máxima temperatura de trabajo tanto del sistema termostàtico como los electrodos utilizados, pero que resulta eficiente para la obtención de unos resultados satisfactorios. La gráfica de la figura 4.1b) también revela que no se aprecia una respuesta diferente de la corriente variando la concentración inicial de los precursores.

4.2 Morfologia y estructura

Con las condiciones anteriormente citadas, se han depositado diferentes muestras de capas de $Zn_{1-x}Cd_xO$ sobre sustrato FTO. Las concentraciones iniciales de $ZnCl_2$ y $CdCl_2$ en disolución varían siguiendo las relaciones 1:0.125 a 1:20 respectivamente. Los resultados han sido muestras muy transparentes donde se ha depositado las capas que ahora se proceden a estudiar mediante las diferentes técnicas para la obtención de información estructural y óptica.

4.2.1 Fotografía SEM y EDS

Las fotografías obtenidas por el SEM (Scanning Electron Microscopy) muestran capas muy homogéneas donde la distribución de la composición es extremadamente uniforme para las diferentes puntos que se han elegido de forma aleatoria dentro de cada muestra, realizando entre 3 y 6 medidas dependiendo de las diferencias entre los valores obtenidos y realizando la media aritmética para un resultado más exacto con un error inferior al del propio aparato que es del 1%. La imagen como se aprecia en la figura 4.2, muestran estructuras granulares que difieren de las columnas de ZnO que se aprecian al depositar este compuesto binario en otros disolventes[1,2]. No obstante, la transparencia observada a simple vista y la homogeneidad de las capas es mucho mayor que las muestras de ZnO depositadas en una disolución acuosa[1,2].

[1] J. Cembrero, A. Elmanouni, B. Hartiti, M. Mollar, B. Marí, *Thin solid films* **451**, 198-202 (2004).

[2] B. Marí, J. Cembrero, f. J. Manjón, M. Mollar, R. Gómez, *Phys. Stat. Sol (a)* **1-4** (2005)

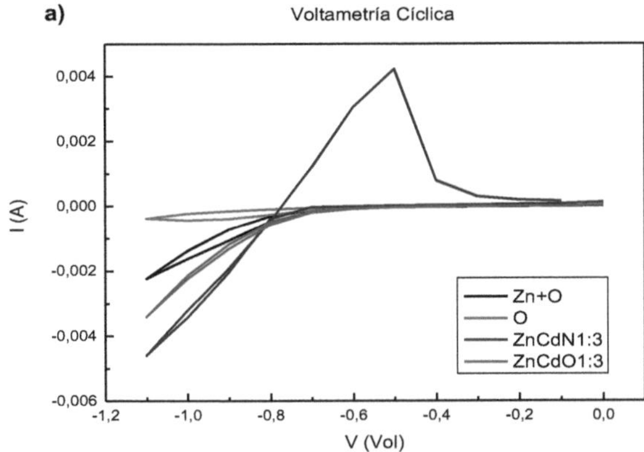

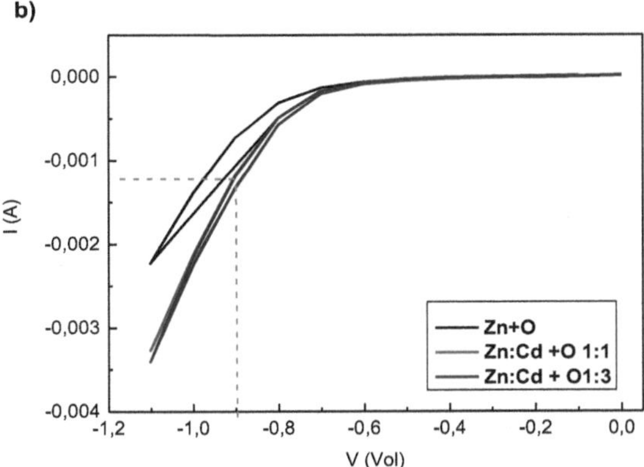

Figura 4.1 Voltametría cíclica con una velocidad de barrido de 2mV/s, para un electrodo Ag/AgCl con un electrolito 0.1M de $KClO_4$ para a) las disoluciones de los precursores Zn^{+2} y Cd^{+2} con N_2 y O_2 en saturación, b) diferentes concentraciones de Zn-Cd en O_2 en saturación.

La composición química de las diferentes muestras de ZnCdO obtenidas por EDS, muestran en primer lugar la presencia de Cd en la formación de la capa donde los principales elementos detectados son el Zn y el O, lo que determina la formación evidente de ZnO, pero con una cantidad considerable de átomos de Cd en la muestra que están distribuidos homogéneamente en la capa sin formar cúmulos aislados en la capa, pues no se han detectado tanto fotográficamente como composicionalmente en diferentes resultados a partir de la obtención de medidas en diferentes puntos de las muestras obtenidas por el EDS.

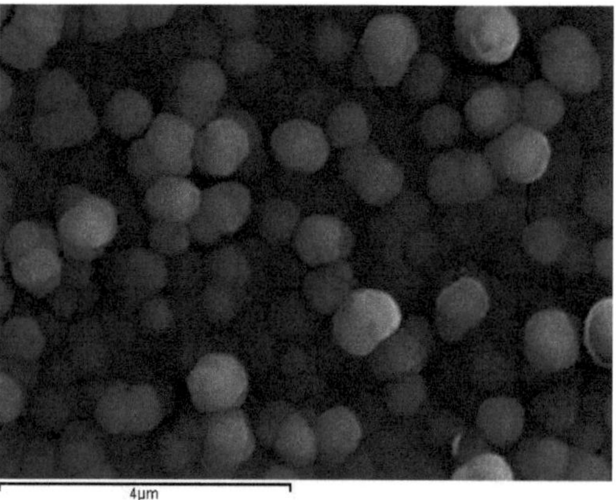

Figura 4.2. Micrografía SEM de una muestra de ZnCdO

La figura 4.3, muestra la presencia de los tres elementos en una de las muestras medidas como ejemplo, siendo la intensidad de los picos variable dependiendo de la cantidad de concentración de los componentes en las diferentes muestras pero siempre presentes todos los elementos. El Sn se debe al propio sustrato.

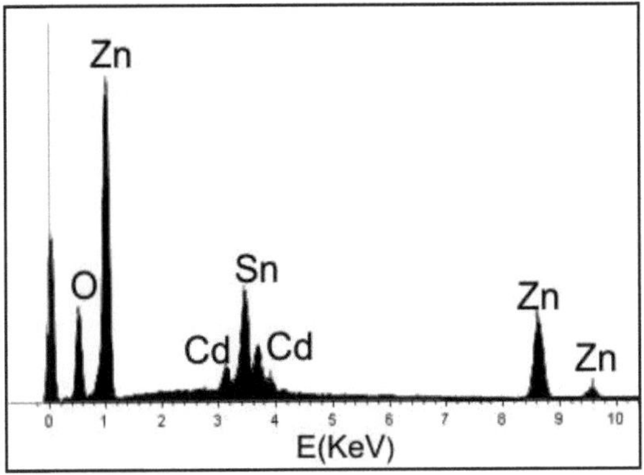

Figura 4.3 Espectro EDS de una capa de $Zn_{0.96}Cd_{0.04}O$

4.2.2 Relación entre la composición inicial de la disolución y la composición de la capa.

A partir de los resultados obtenidos por el EDS se calcula la tabla 4.1, que muestra el análisis de la concentración final de las capas a partir de las concentraciones iniciales de los precursores. La tabla muestra la relación entre la disolución inicial y la incorporación de átomos de Cd en la red del ZnO dando lugar a la fórmula $Zn_{1-x}Cd_xO$. Se comprueba que el máximo valor obtenido para la concentración de Cd en la red es de un 30%, donde se aprecia una saturación de átomos de Cd en la red, lo que significa que para mayores cantidades iniciales de Cd respecto de Zn no se consigue un incremento en la concentración final de ZnCdO. Este valor límite de concentración de átomos de Cd en la red del ZnO supera ampliamente los datos referidos en la literatura donde el resultado es de 8.5% obtenido para capas de ZnCdO crecidas mediante la técnica de MOCVE[3].

---

[3] J. Zuñiga, V. Muñoz-Sanjosé, M. Lorenz, G. benndorf, S. Heitsch, D. Spemann, M. grundmann, *Journal of applied Physics* **99**, 1 (2006)

A	B	C
Relación Cd:Zn en la disolución	$[Cd^{2+}]$ inicial en disolución (M)	x ($Zn_{1-x}Cd_xO$)
1 : 0	0	0
1 : 0.125	$2.778x10^{-3}$	0.004
1 : 0.5	$8.33x10^{-3}$	0.020
1 : 1	$12.50x10^{-3}$	0.040
1 : 2	$16.67x10^{-3}$	0.060
1 : 3	$18.75x10^{-3}$	0.085
1 : 4	$20.00x10^{-3}$	0.133
1 : 5	$20.83x10^{-3}$	0.107
1 : 6	$21.43x10^{-3}$	0.167
1 : 10	$22.73x10^{-3}$	0.314
1 : 20	$23.81x10^{-3}$	0.232
1 : 30	$24.19x10^{-3}$	0.288
1 : 40	$24.39x10^{-3}$	0.951

Tabla 4.1 Cálculo de la concentración final de Cd a partir de las relaciones iniciales de Zn y Cd en disolución. Columna A: Relación inicial de Zn:Cd. Columna B: Molaridad inicial de $[Cd^{2+}]$ en la disolución. Columna C: concentración final de Cd respecto de Zn obtenida a partir de la fórmula:

$$\mathbf{x = [Cd]/([Cd]+[Zn])}$$

La gráfica de la figura 4.4 muestra la representación gráfica de la concentración de iones Cd en la capa electrodepositada, comparada con la concentración inicial de Cd en la disolución. En ella se observa que la concentración de Cd se mantiene entorno al 30%, como una saturación en la red cristalina del ZnO para la incorporación de iones Cd. Para un valor superior se produce un incremento hasta llegar al 95% de lo que se intuye que en este caso se trata de algún óxido de cadmio. En los estudios de la estructura comprobaremos las características de cada capa, para obtener más información sobre su naturaleza. Se ajusta la gráfica a una función exponencial.

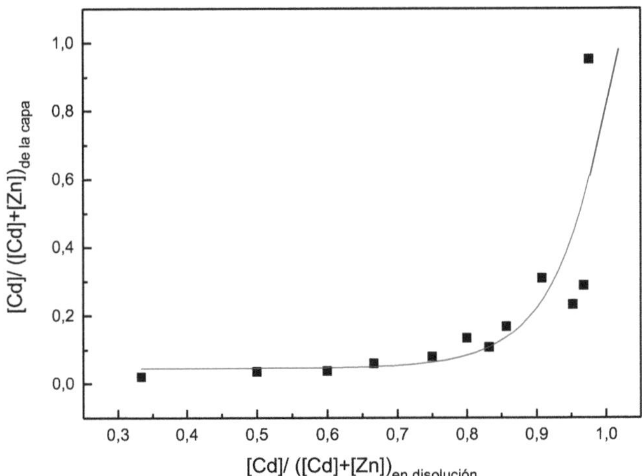

Figura 4.4 Relación entre la fracción molar de la concentración de Cd en disolución y la fracción molar de la concentración de Cd en las capas electrodepositadas.

4.2.3 Estructura (Gráfica XRD para diferentes composiciones)

Para el estudio de la estructura cristalina de las muestras obtenidas de ZnCdO se hace uso del dispositivo difracción de rayos X, obteniendo los resultados según muestra la figura 4.5, donde se aprecia la difracción para diferentes muestras con distintas concentraciones de Cd. Los picos observados corresponden al ZnCdO y al FTO, identificando estos mediante asteriscos, mientras que los demás se etiquetan con la dirección cristalográfica correspondiente. La gráfica muestra el estudio de 7 muestras diferentes. Para la capa con menor concentración de Cd en la red cristalina del ZnO, se aprecian los diferentes picos correspondientes a la estructura wurtzita del ZnO, en las direcciones (100), (002), (101), (102), (110), (103). A medida que se aumenta la concentración de Cd, las intensidades de los picos correspondientes a las direcciones anteriores disminuyen. El pico con mayor intensidad se sitúa a 34.4° y corresponde a la dirección (002). Por tanto, la dirección principal de crecimiento es la dirección (002). Se aprecia que para concentraciones más elevadas del 31% como se muestra en la gráfica, desaparecen prácticamente los demás picos y sólo se aprecia el de la dirección (002) que ha disminuido considerablemente también, demostrando que la estructura wurtzita va desapareciendo como consecuencia de la deformación excesiva de la red y pérdida de la cristalinidad. No se observan ningún pico referente al CdO, lo que confirma la ausencia del mismo y refuerza la conclusión de que todos lo átomos de Cd se han distribuido homogéneamente en la red, lo que está de acuerdo con los resultados de EDS y los de la literatura[4,5]. En la literatura[3] asimismo se observa una deformación o traslación de los picos que en nuestro caso no se aprecia', este hecho se debe a que la deformación solo se produce en las direcciones transversales de la red cristalina y apenas se aprecia en la dirección de crecimiento de la muestra para capas de ZnCdO.

Para la máxima concentración de Cd obtenida, desaparecen todos los picos de la estructura wurtzita, y aparecen picos que se corresponden con la red cúbica del óxido CdO. Estos picos se corresponden con las direcciones (111), (200), (220), (311), (222). La dirección (311) queda enmascarada por el pico correspondiente al sustrato FTO. El pico con mayor intensidad se corresponde con la dirección (200). Por tanto, se concluye que para concentraciones de Cd del orden del 90% desaparece la estructura wurtzita del ZnO, y se obtiene un nuevo material cristalino con estructura cúbica que se corresponde al CdO como se publica en la literatura[6,7].

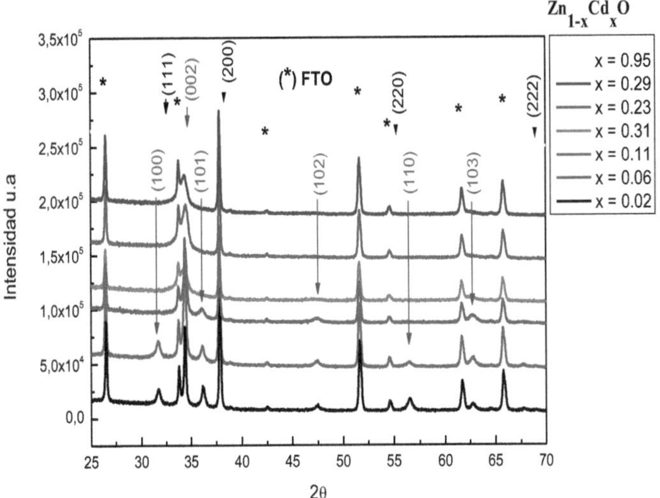

Figura 4.5 Diagrama XRD 2θ de diferentes muestras de ZnCdO para diferentes concentraciones de Cd, depositadas sobre un sustrato FTO. La figura muestra los picos correspondientes a las diferentes direcciones cristalinas. En negro las direcciones de la estructura cúbica del CdO. En rojo, las direcciones de la estructura wurtzita del ZnO. Los picos que pertenecen al FTO han sido identificados con el símbolo (*).

---

[4] G. Santana, A. Morales-Acevedo, o. Vigil, L. Vaillant, F. Cruz, G. Contreras-Puente, *Thin Solid Films* **373**, 235-238 (2000)

[5] O. Vigil, l. Vaillant, f. Cruz, G. santa, A. Morales-Acevedo, G. contreras-Puente, *Thin Solid Films* **361-362**, 53-55 (2000)

[6] A. Seshadri, N. R. de Tacconi, C. R. Chenthamarakshan, D. Rajeshwar, *Electrochemical and Solid-State Letters* **9**, C1-C3 (2006)

[7] M. Ocampo, A. M. fernandez, P. J. Sebastian, *Semicond. Sci. Technol.* **8**, 750-751 (1993)

4.3 Propiedades ópticas

En este apartado estudiaremos como afecta a la transmitancia y absorbancia la variación de la concentración de Cd de las muestras depositadas considerando desde ZnO puro hasta altas concentraciones de Cd en las capas de ZnCdO, cómo afectan los tratamientos de recocido (annealing) a estas características ópticas, y en consecuencia como se desplaza el gap hacia el infrarrojo en todos los casos.

4.3.1 Comparación de la transmitancia del ZnO con una muestra de ZnCdO de baja concentración

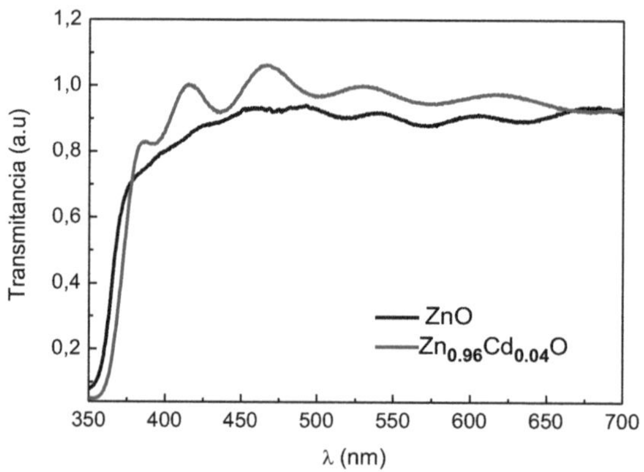

Figura 4.6 Transmitancia de una muestra de ZnCdO comparada con ZnO.

La figura 4.6, muestra la transmitancia observada para una muestra de ZnCdO con una muy baja concentra de Cd, comparada con ZnO, donde se aprecia que para una concentración bastante pequeña de Cd incorporada en la red cristalina del ZnO produce un apreciable desplazamiento para la muestra de ZnCdO hacia el infrarrojo con una consecuente variación del gap, lo cual se justifica como la inherente deformación de la estructura de la red respecto del ZnO puro. Los picos corresponden a las interferencias que se relacionan con el grosor de la capa, que en estudios posteriores nos permitirán calcularlo. Además el aumento de la transmitancia y las interferencias muestran un considerable aumento en la calidad de la capa. La gráfica de la figura 4.7 a), presenta la transmitancia para diferentes muestras de ZnCdO con diferentes concentraciones de Cd. Se observa claramente un desplazamiento de la banda de absorción hacia el infrarrojo, con la consecuente variación del gap, que se calcula a partir de la figura 4.7 b) previo cálculo del coeficiente de absorción para cada muestra.

El coeficiente de absorción α se determina a partir de los efectos de transmisión de la figura 4.7 a), a partir de la relación[8,9]:

$$\alpha\,(hv) = \frac{1}{d}\ln\left\{\frac{(1-R)^2}{2T} + \left|R^2 + \left[\frac{(1-R)^2}{2T}\right]^{\frac{1}{2}}\right|\right\} \qquad 4.3$$

donde d es el grosor, T es la transmitancia y R es la reflectancia.

De ese modo, la energía del gap E_G, se obtiene con la ecuación:

$$(\alpha hv)^2 = A(hv - E_G) \qquad 4.4$$

donde A es una constante.

En la figura 4.7 b) se muestra el cálculo de la energía E_G y su variación se refleja en la tabla 4.2, donde se observa la disminución de la energía del gap cuando se aumenta la concentración de Cd en la capa.

En las transmitancias de la figura 4.7 se comprueba que se mantiene la estructura cristalina del ZnO, pues se conserva la banda de absorción aunque se desplaza al aumentar la concentración como se ha observado en la tabla como se comprueba también en la literatura[8,9].

---

[8] W. Plaz, g. Cohen Solal, J. Vedel, J. Fermy, T. N. Duy, J. Volerio, *7th IEEE Photov. Spec. Conf. Pasadena*, **54** (1968)

[9] E. Johnson, R. K. Willardardson, A. C. Beer. *Ed. Academic Press*, New York, **157** (1967)

4.3.2 Transmitancia y absorbancia ópticas de las diferentes capas de ZnCdO

a)

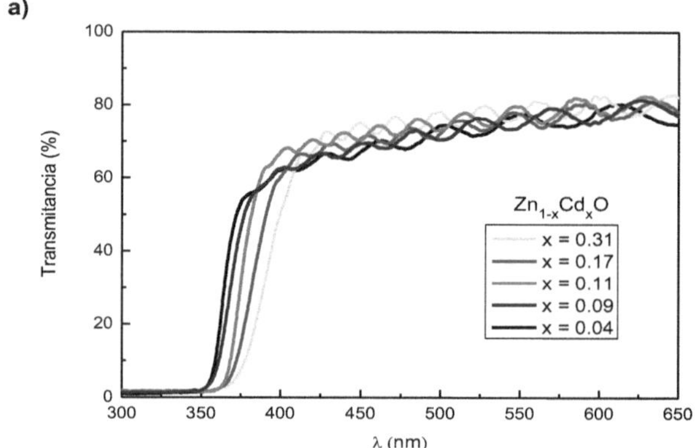

b)

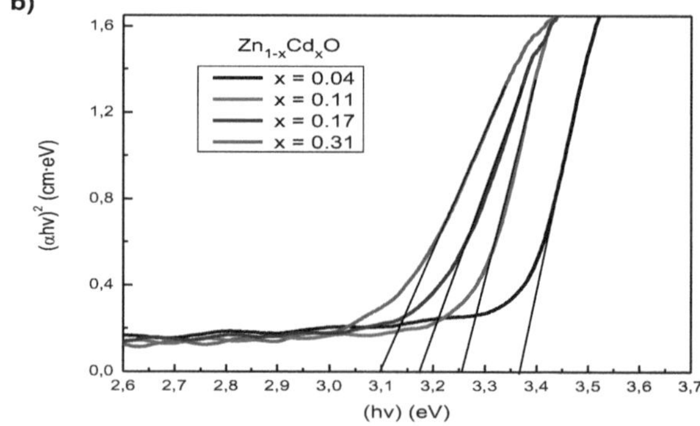

Figura4.7 a) Transmitancia para diferentes muestras de ZnCdO con diferentes concentraciones de Cd. b) Gráfica que muestra el coeficiente de absorción para dichas muestras.

Concentración de Cd en la red del ZnO $X=[Cd]/([Cd]+[Zn])$	**Energía del gap E_G (eV)**
0.04	**3.37**
0.107	**3.25**
0.167	**3.17**
0.314	**3.10**

Tabla 4.2 Evolución del gap para capas con una concentración de Cd variable.

Si representamos estos valores, se observa, como muestra la figura 4.8, el decremento de la energía del gap. Los puntos coinciden con una función exponencial decreciente de primer orden. Se observa que la variación del gap sigue matemáticamente a la variación de la concentración de Cd incorporado en la red del ZnO.

4.3.3 Efecto del annealing sobre las propiedades de las capas

Diferentes estudios sobre el ZnO constatan que tratamientos de calor sobre las muestras obtenidas mejoran la calidad cristalina de las mismas aumentando el gap y eliminando las interferencias[10,11].

También la literatura aporta los mismos resultados para la cristalinidad de capas de $Zn_{1-x}Cd_xO$ y sus resultados muestran también un decremento de la energía del gap[11].

---

[10] L. Zhang, Z. Chen, Y. tang, Z. Jia, *Thin Solid Films* **492**, 24-29 (2005)

[11] Q. Wang, G. Wang, J. Jie, X. Han, b. Xu, J. G. Hou, *Thins Solid Films* **492**, 61-65 (2005)

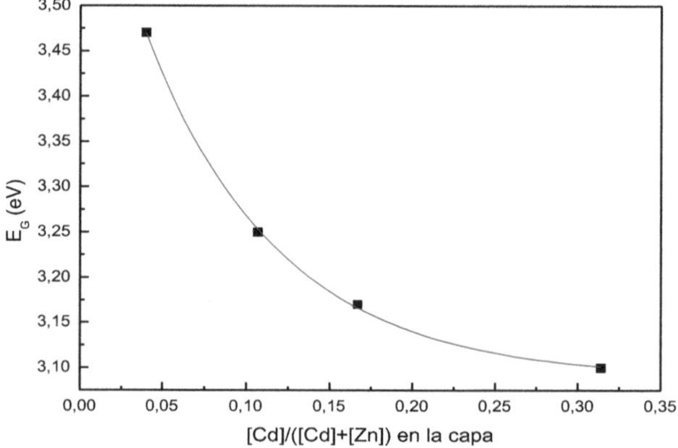

Figura 4.8 Representación de la variación del gap en función de la concentración de Cd en las muestras de ZnCdO.

Nuestros estudios se centran en cómo varía la transmitancia respecto de la transmitancia del FTO y en consecuencia el gap de las muestras en función de la temperatura al aplicarles un tratamiento térmico o annealing. La figura 4.9 muestra la variación de la transmitancia de una muestra que tiene un 6% de Cd respecto del ZnO, tras someterla a diferentes temperaturas que oscilan entre los 100° y los 500°C.

En ella se observan claramente dos efectos:

El primer efecto observado en la gráfica de la figura 4.9, es el aumento de la transmitancia de la muestra recocida a 100ºC respecto de la depositada sin ningún tratamiento de calor. Este efecto es similar a la deposición de una capa antireflejante sobre la muestra. El carácter antireflectante de la nueva superficie se debe a la disminución de la reflectividad difusa y la desaparición de posibles impurezas en las muestras. La perfección y homogeneidad de la capa depositada también se hace evidente con la amplitud de las bandas de interferencias que también se aprecian en la figura 4.7 a). También se observa en la misma gráfica, que a temperaturas más elevadas, se produce un decrecimiento progresivo de la transmisión en el rango el visible debido a que el calor deforma la red cristalina paulatinamente.

Otro efecto del "annealing" en la transmitancia afecta al desplazamiento de la longitud de onda de corte hacia el infrarrojo más pronunciado a medida que se aumenta la temperatura en el proceso de calor de la muestra sometida al recocido y en consecuencia el incremento del gap, hasta la pérdida de la zona abrupta y la consecuente la degradación de la transmitancia en la zona del visible. Este resultado coincide con los publicados en la literatura[12] para muestras de $Zn_{1-x}Cd_xO$. En esta situación, se debe llegar a una solución de compromiso entre la temperatura de annealing y el posible gap que se pretenda obtener pero manteniendo una buena transmitancia.

La temperatura óptima en un tratamiento de calor para un desplazamiento de la banda de absorción hacia el infrarrojo debe conservar una buena transmitancia en el rango del visible. La temperatura óptima que permite desplazar el gap, manteniendo una buena transmitancia es de 300ºC. Para temperaturas más elevadas, es evidente que la transmisión decrece drásticamente. Este resultado, se aprecia en la figura 4.10, donde se representan las diferentes energías del gap para las temperaturas de annealing a las que se han expuesto dos muestras distintas de $Zn_{1-x}Cd_xO$.

El espectro de transmisión obtenido cambia la temperatura a la que se expone la muestra tras un proceso posterior de recocido o annealing. La exposición de las muestras a este proceso de calor mejora la calidad y la cristalinidad, la temperatura óptima de annealing para la obtención de la calidad óptima del material es de 300º. Con un proceso a esta temperatura, la muestra conserva la estructura cristalina del ZnO y disminuye la energía del gap considerablemente.

[12] D.W. Ma, Z. Z. Ye, J. Y. Huang, L. P. Zhu, b. H. Zhao, J. H. He, *Materials Science and Engineering B* **111**, 9-13 (2004)

Tras obtener la óptima temperatura de annealing para las muestras, se preparan diferentes muestras cambiando las concentraciones iniciales y recociéndolas a 300ºC. Posteriormente, se realiza un estudio de cómo varía la energía del gap al incrementar la concentración de Cadmio de las muestras, de este modo la gráfica de la figura 4.11, presenta la relación entre las diferentes muestras de $Zn_{1-x}Cd_xO$ para ($0.04 \leq x \leq 0.09$) y la transmitancia tras un proceso de calor a 300ºC. Del mismo modo que se produce un desplazamiento de la banda de absorción hacia el infrarrojo con las muestras de ZnO y $Zn_{1-x}Cd_xO$ sin necesidad de aplicar ningún proceso de recocido, se hace más evidente este desplazamiento para las muestras tratadas proporcionando una sucesión perfecta de desplazamiento del gap con el incremento de la concentración de átomos de Cd en la red cristalina, como se aprecia en la gráfica de la figura 4.11.

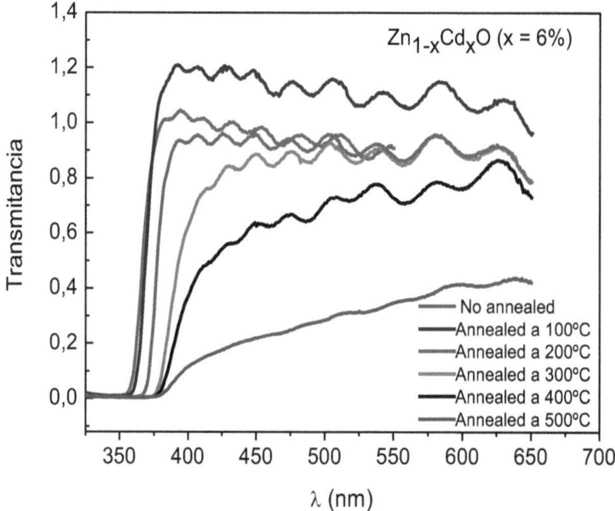

Figura 4.9 Transmitancia para diferentes muestras de $Zn_{0.94}Cd_{0.06}O$ recocido entre 100º y 500ºC.

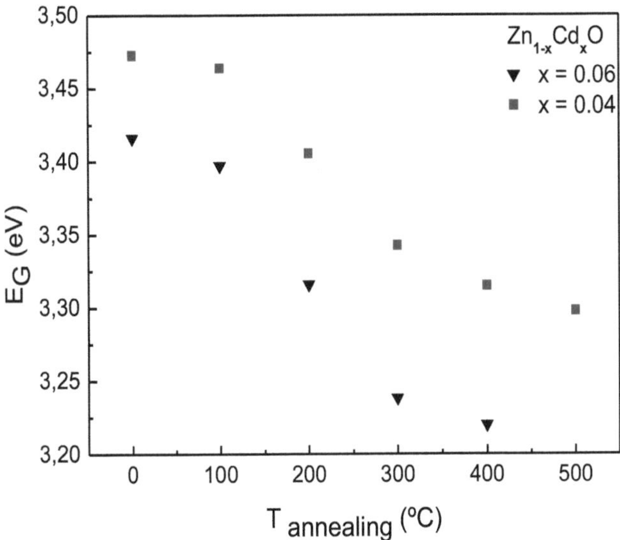

Figura 4.10 Valores del gap para dos muestras distintas de $Zn_{1-x}Cd_xO$ (cuadrados x=0.04, triángulos x=0.06) recocidas entre 100ºC y500ºC comparadas con las longitudes de onda de corte sin ningún aplicar ningún proceso de calor (*as-grown*) representados en T=0ºC.

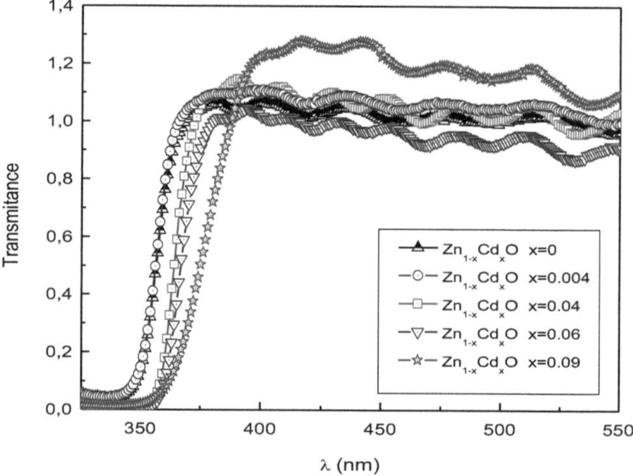

Figura 4.11 Transmitancia para diferentes muestras de $Zn_{1-x}Cd_xO$ ($0.04 \leq x \leq 0.09$) recocidas a 300ºC.

Las muestras de $Zn_{1-x}Cd_xO$ estudiadas proporcionan una alta transmitancia en el rango del visible y superan el 100% respecto de la transmitancia del FTO confirmando su carácter antirreflejante, como se explicó previamente en esta sección. Si el incremento de la temperatura de annealing proporcionaba un desplazamiento del gap hacia energías mas bajas, un aumento de la concentración de Cd también implica un desplazamiento de la banda de absorción y en consecuencia de la banda de absorción hacia el infrarrojo, como se observa en la figura 4.11. Este efecto definitivamente confirma la incorporación del Cd en la red cristalina del ZnO sin alterar la estructura wurtzita.

La siguiente tabla muestra la energía del gap para diferentes concentraciones de Cd en capas recocidas a 300ºC.

x $Zn_{1-x}Cd_xO$	E_G (eV)
0	3.36
0.004	3.35
0.04	3.33
0.06	3.22
0.09	3.18

Tabla 4.3 Energía del gap (E_G) para las diferentes muestras de $Zn_{1-x}Cd_xO$ de la gráfica de la figura 4.11.

De igual modo se conserva la misma reducción en la energía del gap de capas con diferente composición, cuando las muestras son tratadas mediante un recocido a 300°C, con una buena transmitancia y manteniendo la transparencia y calidad de las muestras. De donde se concluye que la variación de la concentración de Cd en la red cristalina de ZnO, no altera los efectos del recocido sobre la capa, mantiene la misma diferencia de energía del gap entre diferentes concentraciones de Cd en la capa.

4.4 Efecto de la capa de ZnCdO sobre el sustrato.

Otro efecto observado a partir de la gráfica de la figura 4.11 es la presencia de una transmitancia superior al 100% medida respecto de la transmitancia del propio sustrato. Este resultado sugiere, como se puede incluso observar a simple vista, que la capa depositada sobre el FTO propicia mayor transparencia a la muestra que el propio sustrato en ausencia de cualquier capa. Este fenómeno se explica por el hecho de que la superficie del FTO tiene una rugosidad que tras la deposición se suaviza, como se muestra en las figuras 4.12,4.13, donde se aprecia la imagen AFM de la superficie del sustrato utilizado para la deposición de las muestras comparado con la imagen AFM de la muestra $Zn_{0.94}Cd_{0.06}O$.

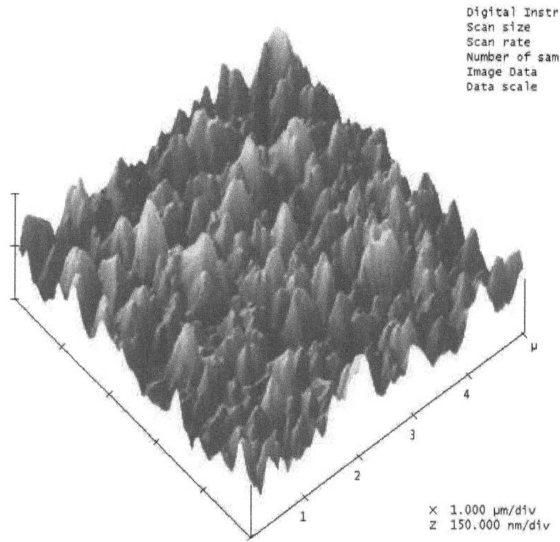

Figura 4.12 Imagen AFM de la superficie del FTO: Rugosidad del FTO rms 39nm

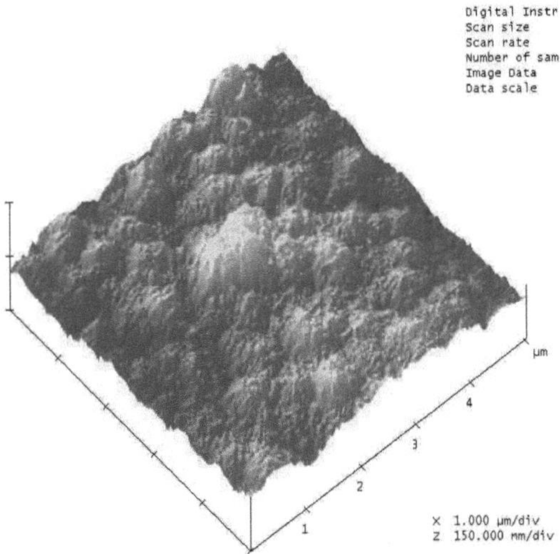

Figura 4.13 Imagen AFM de la superficie de la muestra $Zn_{0.94}Cd_{0.06}O$ com rugosidad R_{rms} 24nm.

4.5 Velocidad de crecimiento y grosor de la capa

A partir de las bandas de interferencias que se observan en las transmitancias de la figura 4.11, se obtienen los valores del espesor de las capas a partir de la expresión,

$$d = \frac{\lambda_1 \cdot \lambda_2}{2n(\lambda_1 - \lambda_2)} \quad (4.5)$$

Donde n es el índice de refracción de la capa, tomando n=2 en este cálculo (índice de refracción de la estructura wurtzita), y λ_1 y λ_2 representan las correspondientes longitudes de onda de dos máximos consecutivos.

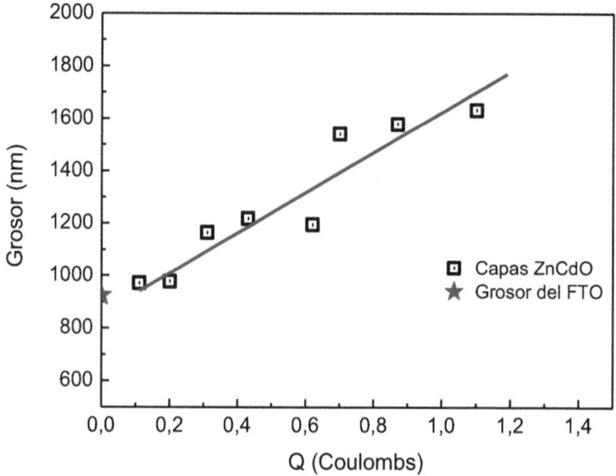

Figura 4.14 Grosor de las muestras de $Zn_{1-x}Cd_xO$ en función de la carga depositada. La superficie de sustrato recubierta es de $1cm^2$ aproximadamente. Marcamos con una estrella el grosor de la capa conductor de FTO. Los cuadros indican el grosor de las capas depositadas sobre el FTO.

En la figura 4.14, se representan los diferentes grosores de las capas en función de la carga eléctrica depositada que puede ser controlada mediante el sistema de deposición utilizado. En ella, se observa una buena linealidad entre los grosores de las capas y las cargas depositadas sobre el sustrato. La ordenada en el origen obtenida, tiene un valor de 860 nm lo que coincide con el grosor del FTO que nominalmente está entre 900-950 nm. La diferencia entre estos valores proviene de el uso de n=2 como índice de refracción para el cálculo tanto del sustrato como de las muestras depositadas. La pendiente de la recta indica la relación entre la carga y el crecimiento de la capa y se corresponde con 770nm/Coulomb.

Teniendo en cuenta el valor medio de la densidad de corriente del proceso de electrodeposición de las capas de ZnCdO como $1mA/cm^2$, la velocidad de crecimiento obtenida es de aproximadamente 60nm/min.

CAPÍTULO V

OBTENCIÓN Y CARACTERIZACIÓN DE CAPAS FINAS DE ZnCoO

5. OBTENCIÓN Y CARACTERIZACIÓN DE CAPAS DE ZnCoO

Este capítulo desarrolla los estudios realizados para la síntesis y caracterización de capas de ZnCoO depositados sobre sustratos ITO o FTO y obtenidas a partir de sus precursores ($ZnCl_2$, $CoCl_2$ y oxígeno en disolución con DMSO).

5.1 Obtención de las capas de ZnCoO.

5.1.1 Condiciones iniciales en el proceso de electrodeposición.

Con las mismas condiciones del capítulo anterior, se realiza el crecimiento de capas de ZnCoO utilizando la celda electroquímica con tres electrodos, con el sistema de control AUTOLAB y una disolución con DMSO, como disolvente orgánico, con $KClO_4$ como fuerza iónica con una concentración 0.1M. Para la obtención de las muestras se introducen diferentes concentraciones de cloruro de zinc y cloruro de cobalto en la disolución. Las condiciones del proceso se obtienen a partir de los resultados obtenidos por la gráfica de la figura 5.1 donde la voltametría cíclica de la disolución compara los voltagramas de las disoluciones con Zn^{+2} y con $Zn^{+2} + Co^{+2}$ saturadas en O_2. En ambos casos el proceso comienza a 0V. Con sólo una disolución de Zn^{+2} y O_2 se produce una corriente catódica que comienza en -0.55V aproximadamente. En el caso de Zn^{+2} y Co^{+2} en ausencia de oxígeno se produce una corriente catódica que comienza en – 0.85V (proceso de reducción de Co, ecuación 5.1) y una corriente anódica elevada en el ciclo de retorno (después de llegar al límite de -1.1V) debida a la reacción de oxidación del Co como muestra la ecuación 5.2:

$$Co^{+2} + 2e^- \rightarrow Co \qquad (5.1)$$

$$Co \rightarrow Co^{+2} + 2e^- \qquad (5.1)$$

En presencia de oxígeno en saturación, no se produce la corriente anódica en el ciclo de retorno. Por tanto, no se produce la oxidación del Co lo que demuestra que no se ha reducido el Co sino que es el oxígeno el que presenta la reducción en el proceso.

Como en el proceso de crecimiento del capítulo anterior, la voltametría cíclica (VC) con su respuesta de potencial-corriente establece las condiciones del proceso. La electrodeposición de $Zn_{1-x}Co_xO$ también se realiza a 90ºC de temperatura, y el valor del potencial de crecimiento se mantiene a -0.9V pero en consecuencia la corriente a la que se realiza el crecimiento es menor, aproximadamente del orden de -0.6mA como observamos en la gráfica y luego refleja el propio experimento.

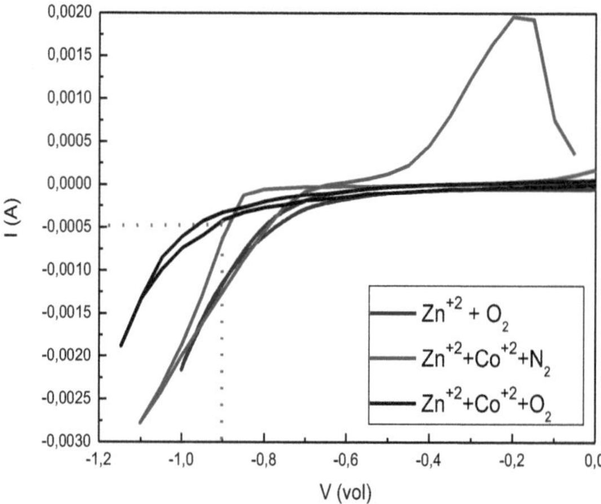

Figura 5.1 Voltametría cíclica con una velocidad de barrido de 2mV/s, para la disolución de Zn^{+2} en presencia de oxígeno en saturación y la disolución de iones Zn^{+2} y Co^{+2} en presencia de oxígeno en disolución.

5.1.2 Características de las capas depositadas

A simple vista, las muestras obtenidas con baja concentración de Co presentan un material transparente de color azul cobalto cuya intensidad aumenta al incrementar la concentración de Co en la disolución inicial hasta llegar a un punto en que cambia su color a marrón-amarillento. La fotografía de la figura 5.2 muestra diferentes muestras en grado ascendente de concentración de $CoCl_2$ en la disolución inicial.

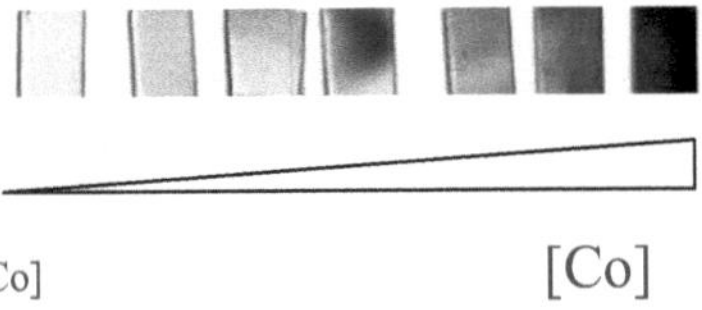

Figura 5.2 Fotografía de distintas muestras obtenidas ordenadas de menor a mayor concentración de iones de Co en la disolución inicial para capas de $Zn_{1-x}Co_xO$. Las concentraciones oscilan entre $0.01 < x < 0.8$.

5.2 Morfologia y estructura

Una vez obtenida una serie de muestras para distintas concentraciones en disolución de sus precursores, se estudia la estructura y morfología de las capas obtenidas utilizando el microscopio electrónico (SEM) que permite la obtención de una imagen de la capa y el sistema EDS que revelará la composición atómica cuantitativa de los componentes que forman la capa. A continuación por difracción de rayos X y mediante espectros Raman, se estudiará el tipo de estructura, grado de cristalinidad y la orientación de las muestras.

5.2.1 Micrografía SEM y medidas EDS

La figura 5.3 muestra la fotografía obtenida por el microscopio electrónico para una muestra de $Zn_{1-x}Co_xO$, se observa una capa homogénea de aspecto granular, sumamente compacta y regular, para una muestra ejemplo (el aspecto de la capa es muy similar para todas las muestras). A partir de las medidas realizadas mediante EDS, se comprueba la existencia de Co y Zn en la muestra, y se obtienen los valores cuantificados de la composición de la fórmula final de cada capa depositada. La figura 5.4 muestra los picos de presencia de los elementos que conforman la capa además de los que conforman el sustrato (Sn).

Tres picos confirman la presencia del Co en la red del ZnO, se localizan en 0.775 (L_α), 6.930 (K_α) y 7.649 (K_β) keV del espectro del EDS. Los resultados cuantitativos de la relación Cobalto/Zinc se calculan a partir de los valores obtenidos de las líneas K. Su concentración posteriormente calculada se aproxima al 15% de concentración de Co, comparado con la concentración de Zn en la muestra.

Figura 5.3. Imagen SEM de la muestra $Zn_{0.85}Co_{0.15}O$

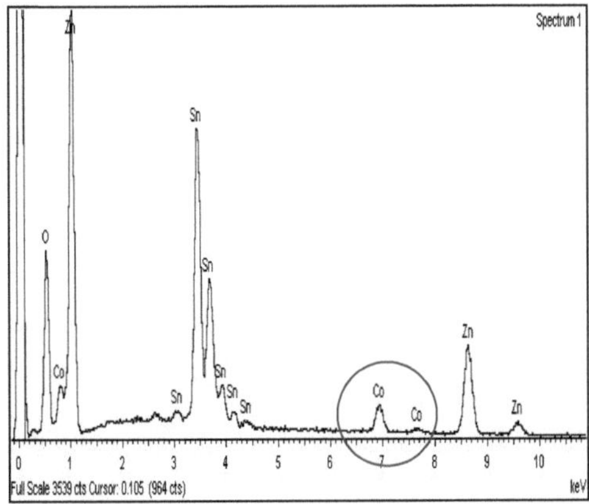

Figura 5.4. Imagen EDS muestra la presencia de Co en la muestra de $Zn_{0.85}Co_{0.15}O$.

5.2.2 Relación entre la composición inicial de la disolución y la composición de la capa.

A partir de los resultados obtenidos del EDS se elabora la gráfica de la figura 5.5, que indica la relación entre las concentraciones iniciales de los componentes en disolución y las concentraciones finales de los componentes de la capa para diferentes muestras. La gráfica muestra tres zonas diferenciadas, la primera para fracciones molares inferiores al 0.1, la curva es suave y la incorporación de átomos de Co en la red es pequeña; la segunda zona se caracteriza por una pendiente muy abrupta entre 0.1 y 0.7; finalmente, la tercera zona casi plana se comprende entre 0.7 y 1; es decir, hasta llegar a conseguir un posible óxido de cobalto formado en ausencia del precursor $ZnCl_2$ en la disolución. El cambio de color sugiere dos tipos de materiales distintos en su estructura, aunque sin perder la transparencia, como se observaba en la fotografía de la figura 5.2.

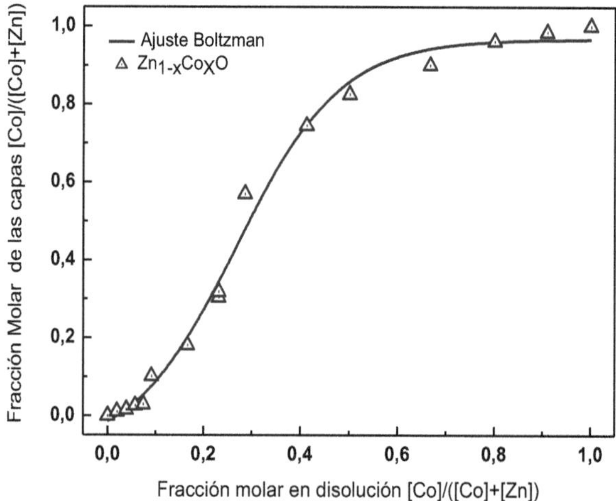

Figura 5.5. Relación entre las concentraciones iniciales de iones Co^{+2} y Zn^{+2} y la concentración final de [Co] respecto del total ([Co] + [Zn])

5.2.3 Estructura de las capas

5.2.3.1 Estudio XRD para diferentes concentraciones de ZnCoO.

El diagrama muestra las gráficas de difracción de rayos X de cuatro muestras de $Zn_{1-x}Co_xO$ con diferentes concentraciones de iones Co. Los picos que pertenecen al sustrato FTO se han marcado el símbolo (*). Los picos situados en 34.42° y 36.25° corresponden a las direcciones cristalográficas (002) y (101) que pertenecen a la estructura wurtzita hexagonal del ZnO[1]. El pico (002) se corresponde con la dirección preferente de crecimiento[2,3] y se reduce a partir del x=0.06, el pico (101) se hace más presente en la muestra cuya concentración es del x=0.17, y también desaparece para concentraciones superiores.

Estos picos que muestran la cristalinidad de la capa se aprecia hasta concentraciones de Co del x=0.17, a partir del cual consideramos que se pierde cristalinidad y las muestras se vuelven amorfas, deformándose ampliamente la red cristalina del ZnO.

Por otra parte la ausencia de picos correspondientes a CoO cúbico indica que no se detecta formación cristalina de este óxido y podemos afirmar que para concentraciones del x=0.17 e inferiores los átomos de Co se han incorporado totalmente en la red. Para concentraciones superiores no se pueden descartar fases mixtas amorfas del tipo $(ZnO)_x(CoO)_x$[4].

---

[1] R. E. Marotti, D. N. Guerra, C. Bello, G. Machado, E. A. Dalchiele, Solar Energy Materials & Solar Cells **82**, 85-103 (2004)

[2] K. Joo Kim, Y. Ran Park, Applied Physics Letters 81, 8 (2002)

[3] Y. Belghazi, G. Schmerber, S. Colis, J. L. Rehspringer, A. Berrada, A. Dinia , *Journal of Magnetism and Magnetic Materials,* **10** (2006)

[4] D. W. Ma, Z. Z. Ye, J. Y. Huag, L. P. Zhu, B. H. Zhao, J. H. He, *Materials Science & Engineering B* **111**, 9 (2004)

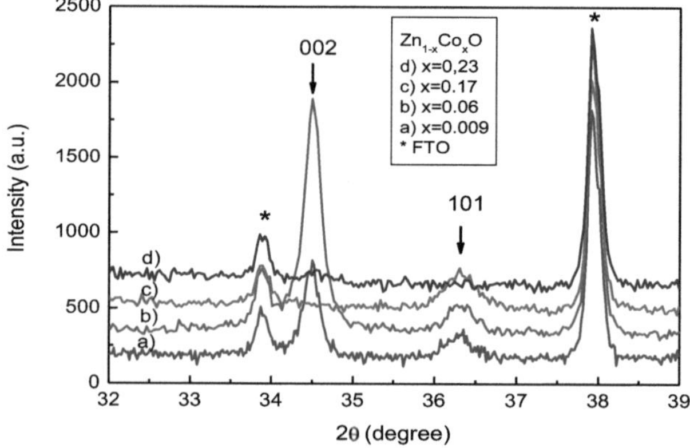

Figura 5.6 Diagrama XRD de diferentes muestras de $Zn_{1-x}Co_xO$ en función de las concentraciones.

5.2.3.2 Estudio Raman para diferentes composiciones de ZnCoO

En el apartado anterior se observa que para la incorporación de concentraciones de Co superiores a x=0.17 en la red cristalina del ZnO se observa que la estructura wurtzita desaparece e incluso una de las características físicas de la capa, el color, varía del azul cobalto al marrón-amarillento, aunque la transparencia de la muestra se mantiene. La posibilidad de que haya cambiado de estructura se estudia mediante espectroscopía Raman. La figura 5.7 muestra los resultados de los diferentes espectros Raman para diferentes muestras a elevadas concentraciones de Co. Se observan dos fases distintas correspondientes a una transición entre la espinela mixta $ZnCo_2O_4$ y la espinela de Co_3O_4.

Para las muestras con mayor contenido de Co (a partir de concentraciones de Co del 90%), que corresponden a las concentraciones más elevadas de Co se aprecian cinco picos relativamente estrechos que en la muestra de mayor concentración de Co se corresponden perfectamente con los modos A_{1g}, F_{2g} , F_{2g}, E_g y F_{2g} de la espinela pura de Co_3O_4 ($Co^{2+}Co^{3+}{}_2O_4$), tal como muestra la tabla 5.1, donde nuestras medidas son comparadas con los valores de la literatura[5].

Las pequeñas variaciones de las frecuencias de los modos Raman de nuestras muestras con mayor concentración de Co respecto del valor experimental reportado en la literatura para la espinela pura de Co_3O_4 podrían ser debidas a las posibles impurezas de Zn presentes en nuestras muestras.

Para concentraciones inferiores de Co (concentraciones de Co inferiores a x= 0.90) el espectro Raman obtenido es formalmente idéntico al de capas de $ZnCo_2O_4$ en fase espinela reportadas en la literatura[6].

En esta estructura, el Zn^{+2} ocupa posiciones tetraédricas mientras que el Co^{+3} ocupa posiciones octaédricas. Es precisamente el cambio de valencia del Co de +2 en el CoO al de +3 en las espinelas de $ZnCo_2O_4$ y de Co_3O_4 el responsable del color amarillento-marrón de las espinelas. Dado que la estructura espinela sólo tiene 5 modos activos Raman, los picos marcados con un asterisco en la figura 5.7 son posiblemente debidos al desorden típico de la estructura espinela.

El desorden consiste en que átomos de Zn ocupan posiciones octaédricas mientras que átomos de Co ocupan posiciones tetraédricas. Esta mezcla de cationes en ambas posiciones cristalográficas puede producir el desdoble de modos Raman observado en los modos de más alta y más baja frecuencia.

---

[5] V. G. Hadjiev, M. N. Iliev, I. V. Vergilov, *J. Phys. C: Solid State Phys.* **21**, 199 (1988)

[6] K. Samanta, P. Bhattacharya, R. S. Katiyar, W. Iwamoto, P. G. Pagliuso, C. Rettori, *Physical Review B* **73**, 245213 (2006)

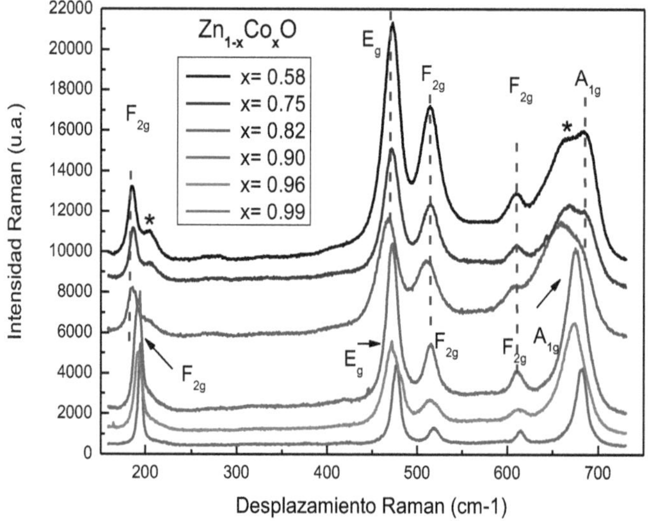

Figura 5.7 Espectro Raman para altas concentraciones de Co en las diferentes capas de ZnCoO depositadas.

Modo Phonon Co_3O_4	Número de onda Publicado[5] (cm^{-1})	Número de onda muestras propias (cm^{-1})
F_{2g}	194.4	192.54
E_g	482.4	475.91
F_{2g}	521.6	517.04
F_{2g}	618.4	614.50
A_{1g}	691.0	682.45

Tabla 5.1 Línea de posición y ancho (FWHM) de los modos de phonon activo Raman de Co_3O_4 a 312K[5] y los valores de los modos para nuestras capas.

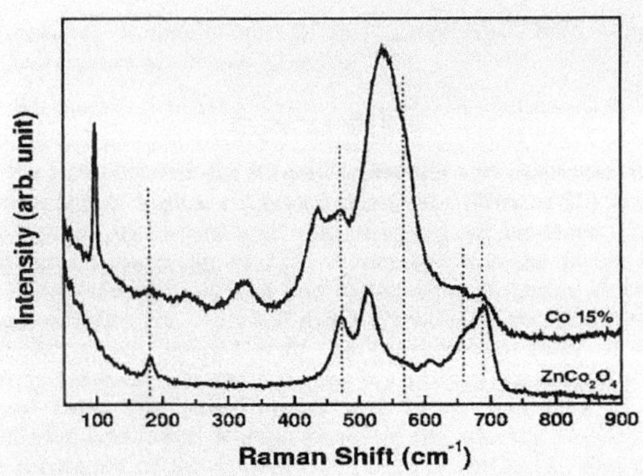

Figura 5.8 Espectro Raman para una espinela de $ZnCo_2O_4$ en capa fina comparada con la misma espinela monocristal.[6]

Modo Phonon $ZnCo_2O_4$	Número de onda (cm^{-1})
F_{2g} (1)	184.80
E_g (2)	473.33
F_{2g} (3)	511.88
F_{2g} (4)	609.35
A_{1g} (5)	686.31
*	204.01
*	660.66

Tabla 5.2 Frecuencias de los modos activos Raman de $ZnCo_2O_4$ observados en la figura 5.7.

Para entender un poco mejor la estructura espinela, la figura 5.9 muestra esta estructura para el $ZnCo_2O_4$. Se puede observar que esta estructura espinela que se corresponden con tetraedros y octaedros combinados formando una red cristalina a partir de Zn^{+2} ocupando huecos tetraédricos y Co^{+2} en huecos octaédricos . En el caso de la espinela pura Co_3O_4, los tetraedros se corresponden con CoO_4 y los octaedros con CoO_6, de modo que podemos definirla como $CoCo_2O_4$.

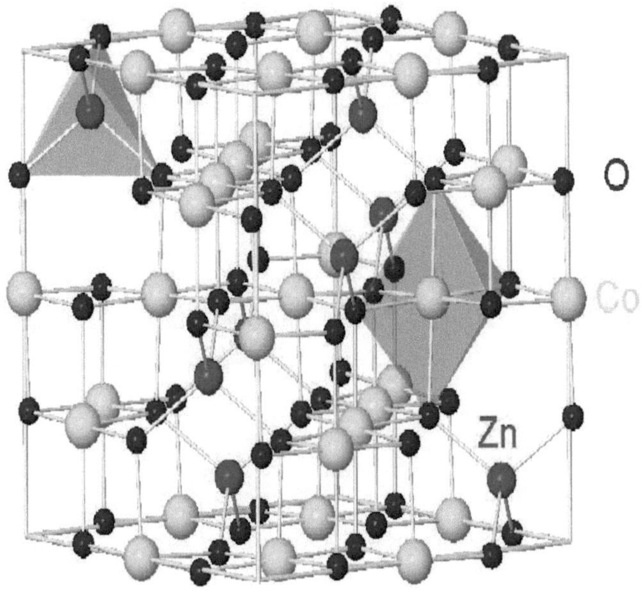

Figura 5.9 Estructura espinela del compuesto $ZnCo_2O_4$.

5.3 Velocidad de crecimiento y relación entre el grosor de la capa y la carga depositada.

Seguidamente se realiza el estudio del grosor de la capa en función de la carga depositada, para ello se ha utilizado nuevamente la expresión 4.2 del capítulo anterior, donde λ_1 y λ_2 son las longitudes de onda de dos máximos consecutivos de las interferencias que se observan en las transmitancias de diferentes muestras de una única composición de ZnCoO con distintas cargas depositadas. Se observa gran linealidad en la gráfica de la figura 5.10, donde la pendiente muestra la relación entre el grosor de la capa por unidad de carga depositada. En este caso hemos restado a cada término el grosor del sustrato. Por otra parte, nuestro sistema permite obtener la velocidad de crecimiento sabiendo que la densidad de corriente es de $1mA/cm^2$ y conocida la carga en cada capa depositada, la velocidad de crecimiento obtenida es de 45nm/min.

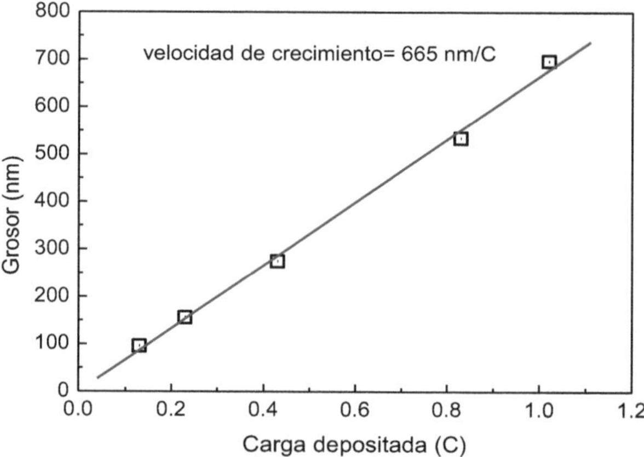

Figura 5.10. Gráfica del grosor de la capa de ZnCoO respecto de la carga depositada.

5.4 Propiedades ópticas

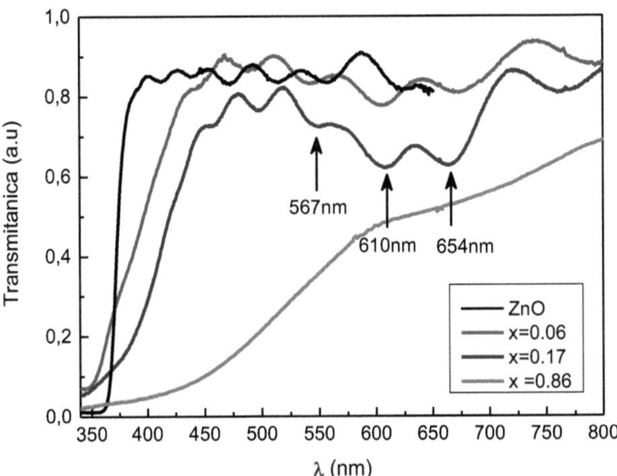

Figura 5.11 Transmitancia de difenentes muestras de ZnCoO con distintas concentraciones de Co.

El estudio de las transmitancias de distintas muestras de$Zn_{1-x}Co_xO$ con unas concentraciones x=0.06, x=0.17, donde el material mantiene su estructura wurtzita y x=0.86 con estructura espinela, se presenta en la gráfica de la figura 5.11. En ella se observan las transmitancias de dos muestras con x=0.06 y x=0.17 comparadas con la transmitancia para el ZnO. Se aprecia una transmitancia superior al 80% en el rango del visible, fenómeno usual para los ternarios crecidos por electrodeposición. Se perciben máximos de interferencias debido al grosor y a la homogeneidad de la capa. Pero se observan dos efectos, en primer lugar se produce una deformación de la banda de absorción y un desplazamiento del gap hacia longitudes de onda mayores para muestras con mayor cantidad de Co comparándolas con la transmitancia del ZnO puro cuya banda de absorción es abrupta. Este fenómeno se interpreta como la interacción de los niveles sp-d entre las bandas de electrones y la localización de electrones procedentes de iones Co^{+2} ocupando niveles en Zn^{+2} como queda explicado en la literatura[4].

El otro efecto es la aparición de una banda de absorción amplia alrededor de 600nm que se acentúa con el incremento de iones Co en las muestras. Esta banda es el resultado de la superposición de tres bandas que se encuentran en 567nm, 610nm y 654nm, como se indica en la figura 5.11y se comprueba en la literatura [7-10]. Estas tres bandas son características de transiciones electrónicas d-d e iones tetraédricos de Co^{+2} que sustituyen a los cationes Zn^{+2} en la red cristalina[7]. Además, la intensidad de estos picos de absorción aumenta cuando la concentración de Co se incrementa en las capas, lo que indica que las transiciones internas d-d en el Co^{+2} aumentan al incrementarse el mecanismo de absorción de iones Co. Esta interpretación da soporte al hecho de que los iones se incorporan totalmente en la red de ZnO como deducíamos a partir de resultados anteriores.

Para la muestra con una alta concentración de Co (x=0.86) que ha dado lugar a una estructura de tipo espinela, el valor del gap acaba por deformarse totalmente desapareciendo las bandas de absorción pues el los iones tetrahédricos de Co no se incorporan en la red cristalina del ZnO, como sucedía con las incorporaciones de bajas concentraciones de Co en el $Zn_{1-x}Co_xO$ apareciendo una única banda de absorción correspondiente al amarillo ($\lambda = 615$).

---

[7] P. Koidel, *Phys. Rev. B* **15**, 2493 (1977)

[8] A. Dinia, J. P. Ayoub, G. Schmerber, E. Beaurepaire, D. Muller, J. J. Grob, *Phys. Lett. A* **333**, 152 (2004)

[9] G. L. Liu, Q. Cao, J. X. Deng, P. F. Xing, Y. F. Tian, Y. X. Chen, S. S. Yan, L. M. Mei, *Appl. Phys. Lett.* **90**, 052504 (2007)

[10] S. Ramachandran, A. Tiwari, J. Narayan, *Appl. Phys. Lett.* **84**, 25 (2004)

5.5 Efecto de la aplicación de un tratamiento térmico o annealing en las propiedades de las capas.

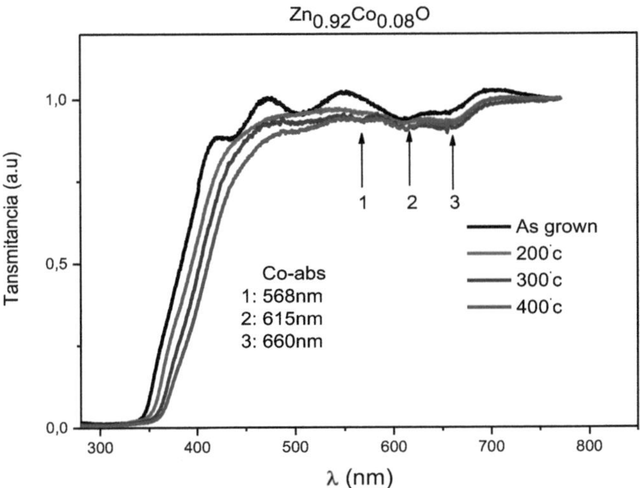

Figura 5.12. Espectro de transmitancia óptica de la muestra de $Zn_{0.92}Co_{0.08}O$ tras aplicarle un proceso térmico entre 200° y 400°C a intervalos.

En la figura 5.12 se muestra la transmitancia tras someter una muestra a un tratamiento térmico durante 30 minutos a diferentes temperaturas. El objetivo es comprobar la posible mejora de la calidad del material con el proceso. Según se aprecia en la figura, el aumento de la temperatura de recocido incrementa la intensidad de los picos de absorción del Co y reduce la energía del gap. Este comportamiento es observado también al tratar térmicamente las redes de ZnO. No se produce un desplazamiento de los picos de absorción de los iones de Co^{+2} tetraédricos con la temperatura y no podemos afirmar que se haya producido la incorporación de más iones Co^{+2} después del proceso.

5.6 Propiedades magnéticas.

En este apartado se estudian las propiedades magnéticas de la muestra $Zn_{0.83}Co_{0.17}O$ observando la gráfica de la figura 5.13, donde se representa la función χT, frente a la temperatura, T, siendo χ la susceptibilidad magnética. Estos valores se ajustan a partir de la magnetización, la gráfica de la figura 5.14, donde la magnetización de saturación se fija en 3 magnetones de Bohr que corresponde al valor esperado a S=3/2 con g=2), aplicando el proceso de escalado a los datos de la susceptibilidad magnética.

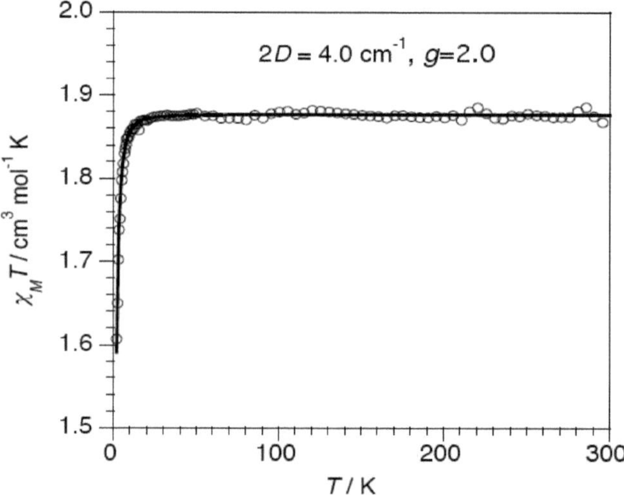

Figura 5.13 Dependencia del producto χT para la muestra $Zn_{0.83}Co_{0.17}O$ con la temperatura. La línea continua realiza un ajuste sobre los valores obtenidos.

Los valores de χT permanecen constantes para un rango de temperaturas muy amplio y decrece ligeramente para temperaturas bajas. En principio, esta leve reducción de los valores de χT para bajas temperatura se atribuye a las interacciones moleculares y/o a los efectos de campo cero o zfs (zero-field splitting).

El ajuste perfecto indica que el zfs es el factor responsable del decrecimiento en χT y no hay presencia significativa de interacciones magnéticas entre los centros Co (II). Este hecho sugiere que los iones Co (II) están aislados unos de otros e incorporados ordenadamente en la red cristalina del ZnO de la capa depositada. La gráfica de magnetización de la figura 5.14 confirma el comportamiento paramagnético de la muestra. Las medidas realizadas con muestras de menor concentración de Co en la capa depositada muestran análogos comportamientos.

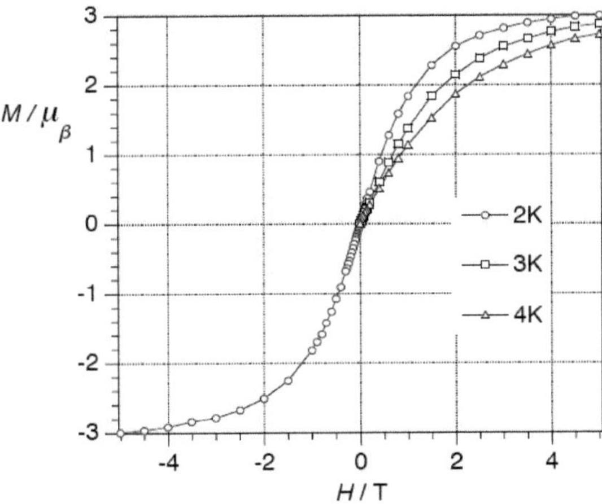

Figura 5.14. Isotermas ($2 \leq T \leq 4$) de la magnetización en función del campo H para la capa $Zn_{0.83}Co_{0.17}O$.

Este resultado confirma resultados obtenidos por J. H. Kim et al.[11] y otras publicaciones[12] con los que se afirma que las capas de $Zn_{1-x}Co_xO$, mantienen un comportamiento paramagnético, cuando hay una buena incorporación de los átomos de Co en la red cristalina del ZnO, a diferencia de otros comportamientos ferromagnéticos que inducen a pensar que las capas depositadas no son homogéneas y realmente se obtiene una mezcla de ZnO y Co_3O_4 [13,14], o también resultados con comportamientos antiferromagnéticos para capas cuya estructura confirmada por estudios Raman es $ZnCo_2O_4$[15,16].

---

[11] J. H. Kim, H. Kim, D. Kim, YE Ihm, W. K. Choo, *J. of European Ceramic Society* **24**, 1847 (2004)

[12] Y. Belghazi, G. Schmerber, S. colis, J. L. Rehspringer, A. Berrada, A. Dinia, *J. of Magnetism and Magnetic Materials* (2006)

[13] M. S. Martin-González, J. f. Fernández, f. Rubio-Marcos, I. Lorite, J. L. costa-Krämer, A. Quesada, M. A. Bañares, J.L. G. Fierro, *J. Applied Physics* **103**, 083905 (2008)

[14] A. Quesada, M. A. García, m. Andrés, a. Hernando, *J. Applied Physics* **100**, 113909 (2006)

[15] K. Samanta, P. Bhattacharya, r. S. Katiyar, *Physical Review B* **76**, 245213 (2006)

[16] S. J. Han, b. Y. Lee, J. S. Ku, YY. B. Kim, Y. H. Jeong, *J. of Magnetism and Magnetic Materials* **276-277**, 2008 (2004)

CAPÍTULO VI

OBTENCIÓN Y CARACTERIZACIÓN DE CAPAS FINAS DE ZnMnO

6. OBTENCIÓN Y CARACTERIZACIÓN DE LAS CAPAS DE ZnMnO

Este capítulo desarrolla los estudios realizados para la síntesis y caracterización de capas finas de ZnMnO depositados sobre sustratos de ITO y obtenidas a partir de sus precursores ($ZnCl_2$, $MnCl_2$ y oxígeno en disolución con DMSO).

6.1 Obtención de las capas de ZnMnO

6.1.1 Condiciones iniciales en el proceso de electrodeposición de capas de ZnMnO

Se realiza el crecimiento de capas de ZnMnO utilizando la celda electroquímica con tres electrodos, al igual que en los capítulos anteriores, con las mismas condiciones y sistema de control. Es decir, utilización del AUTOLAB y del DMSO como disolvente, con $KClO_4$ como fuerza iónica al 0.1M.

Se obtienen diferentes muestras variando las concentraciones de cloruro de zinc y cloruro de manganeso en la disolución. La gráfica de la figura 6.1 muestra la voltametría cíclica de la disolución y compara los voltagramas de las disoluciones con Zn^{+2} y con $Zn^{+2} + Mn^{+2}$ saturadas en O_2. A partir de 0V, se va reduciendo el potencial para la disolución de Zn^{+2} y O_2 dando lugar a una corriente catódica que comienza en -0.6V aproximadamente. Para la curva de la disolución de Zn^{+2} y Mn^{+2} se produce una corriente catódica que comienza en – 0.5V con un comportamiento muy similar a las voltametrías de las disoluciones con Cd, expuestas en el capítulo IV. No se observa corriente anódica de oxidación del de los metales en el ciclo de retorno. Las condiciones elegidas para la electrodeposición también corresponden a un potencial de crecimiento de -0.9V y una temperatura de 90ºC. La corriente de crecimiento es de -1.4mA, mayor que la de los materiales de los capítulos anteriores.

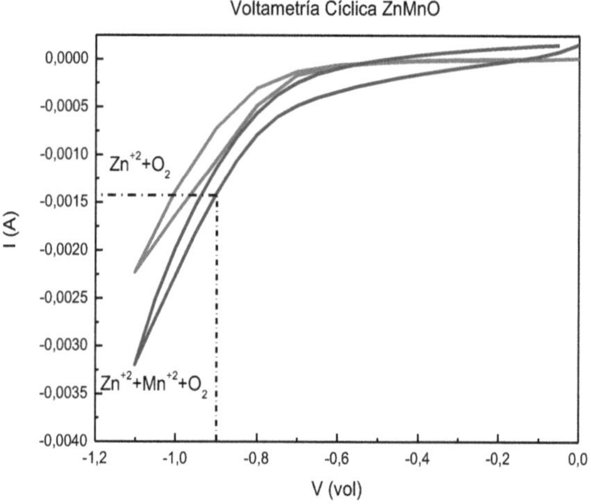

Figura 6.1 Voltametría cíclica (velocidad de escaneo de 2mV/s), para la disolución de Zn^{+2} y la disolución de iones Zn^{+2} y Mn^{+2} en presencia de oxígeno en saturación.

6.2 Morfologia y estructura

Las capas de ZnMnO obtenidas por electrodeposición tienen un color amarillento-ocre que va haciéndose más intenso al añadir mayor cantidad de átomos de Mn. La figura 6.2 muestra la relación entre las diferentes capas formadas y de la concentración de Mn en el compuesto formado. Como se aprecia en la citada figura, las muestras presentan gran transparencia y homogeneidad a simple vista, buena cobertura del sustrato. Su estructura cristalina y demás propiedades físicas serán estudiadas a continuación.

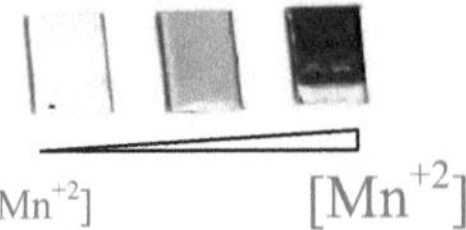

Figura 6.2. Imagen de distintas muestras con diferente composición química de $Zn_{1-x}Mn_xO$ ordenadas de menor a mayor concentración de iones Mn en la disolución inicial (x = 0.03, x=0.34, x= 0.97).

6.2.1 Micrografía SEM y resultados EDS

La figura 6.3, correspondiente a una fotografía proporcionada por el microscopio electrónico de barrido (SEM), muestra el aspecto de una capa de ZnMnO, en la cual se observa una gran homogeneidad y una buena compactación de la misma sin huecos del sustrato por cubrir. Desafortunadamente, los resultados del SEM no permiten comprobar la aparición de una estructura cristalina definida y orientada a la vista, por lo que se requerirá de otras técnicas que confirmen la policristalinidad de las capas. La figura 6.4, confirma mediante EDS la existencia de Manganeso, Oxígeno y Zinc en la capa depositada para una muestra dada, medida sobre un área de la misma sobre las líneas espectrales K correspondientes a los espectros de Mn y Zn y marcados en la correspondiente figura 6.4. Los picos de la parte central que se corresponden con los elementos Sn y In son los componentes básicos del sustrato ITO. A partir de los resultados cuantitativos obtenidos por el EDS para diferentes muestras con distintas composiciones de los precursores en la disolución inicial, se obtiene la relación representada en la figura 6.5.

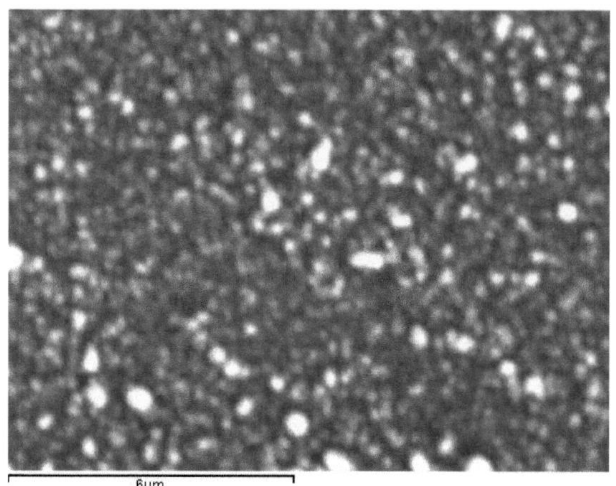

Figura 6.3. Imagen SEM de una capa de $Zn_{1-x}Mn_xO$.

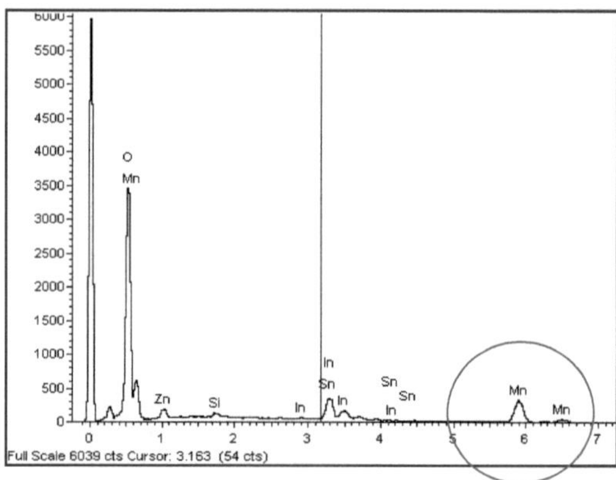

Figura 6.4. Espectro EDS de una capa de $Zn_{1-x}Mn_xO$.

6.2.2 Relación entre la composición inicial de la disolución y la composición de la capa.

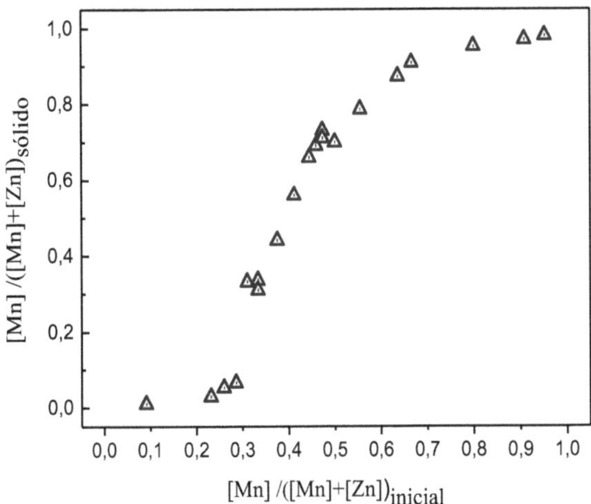

Figura 6.5. Fracción molar Mn/(Mn+Zn) presente en la capa depositada en función de la fracción molar Mn/(Mn+Zn) de los precursores en la disolución inicial.

Los resultados cuantitativos obtenidos a partir de las medidas del área de las líneas espectrales K correspondientes al Mn y Zn dadas por el EDS para toda la serie de muestras obtenidas se representan en la figura 6.5. En ella se calcula la relación entre la fracción molar presente en la capa depositada ($[Mn/(Zn+Mn)]_{sólido}$), en función de la fracción molar contenida en la disolución inicial ($[Mn/(Zn+Mn)]_{inicial}$). La fracción molar [Mn/(Zn+Mn)] varía entre 0 y 1 y permite hacer un barrido entre óxido de zinc y óxido de manganeso, pasando por las distintas concentraciones de Mn en las muestras dando lugar a posibles diferentes especies de $Zn_xMn_yO_z$ formadas.

En el estudio de los ternarios formados por ZnO y MnO, la fracción molar obtenida en la capa depositada como función de la fracción molar de la disolución inicial sigue una curva sigmoidea. En esta función se pueden analizar tres regiones diferenciadas. La primera región corresponde a la zona de poca concentración de átomos de Mn en la disolución inicial donde se produce un ligero incremento de la incorporación de átomos de Mn en la capa sólida depositada. En la segunda región se produce un cambio muy abrupto a partir de un valor inicial aproximado de $x=0.3$ y sube hasta un valor de $x=0.6$. Finalmente, se vuelve a una zona más suave que se corresponde con valores iniciales de concentración de iones en la disolución muy elevados. Esta situación permite abordar en el estudio posterior la pregunta de si estas tres regiones dan lugar a tres especies distintas del material con estructuras completamente diferentes.

Al realizar las medidas mediante el sistema EDS se comprueba asimismo la homogeneidad en la composición química de todas las muestras analizadas. La distribución atómica del Mn y del Zn se mantiene constante a través de la superficie estudiada de cada capa. No se observa la presencia de cúmulos aislados de Mn lo que resulta común a todos los materiales depositados mediante electrodeposición [1,2].

---

[1] M. Tortosa, M. Mollar, B. Marí, *Journal Crystal Growth* **304**, 97 (2007)

[2] M. Tortosa, M. Mollar, B. Marí, *Physica Status Solidi* C 5, **11**, 3467 (2008)

6.2.3 Estructura de las capas de ZnMnO

6.2.3.1 Estudio XRD para diferentes composiciones

La figura 6.6, muestra el espectro XRD para diferentes muestras de capas de $Zn_xMn_yO_z$ con diferentes concentraciones iniciales de átomos de Mn en disolución. El pico más intenso de difracción localizado en 34.4° corresponde al pico de dirección (002) de la estructura wutzita hexagonal del ZnO[3]. Aparecen picos con menor intensidad que se corresponden con las direcciones (101) y (110), que también se corresponden con dicha estructura y que desaparecen para concentraciones más elevadas de Mn. En la literatura[4] se confirman los resultados obtenidos para capas de $Zn_{1-x}Mn_xO$. Los otros picos, marcados con asteriscos, corresponden al propio sustrato (ITO).

El patrón asociado a las capas electrodepositadas con baja concentración de átomos de Mn en su composición, es idéntico al del ZnO con una orientación de crecimiento exclusiva a lo largo de la dirección (002). La intensidad del pico (002), decrece al incrementar la concentración de Mn en las muestras hasta desaparecer para concentraciones de átomos de Mn superiores como las muestras exhibidas del 30% o 66%. Se observa además en ampliación interior de la gráfica de la figura 6.6, que se produce una desviación lateral del pico (002) hacia ángulos superiores.

Este efecto, justifica la deformación de la red del ZnO debido a la incorporación de gran cantidad de átomos de Mn en la misma. Este comportamiento permite concluir que se ha formado una capa que se corresponde con un material del tipo $Zn_{1-x}Mn_xO$ para bajas concentraciones de átomos de Mn en la disolución inicial.

---

[3]R. E. Marotti, D. N. Guerra, C. Bello, G. Machado, E. A. Dalchiele, *Solar Energy Materials & solar Cells* **82**, 85-103 (2004)

[4]D. P. Joseph, G. S. Kumar, C. Venkateswaran, *Materials Letters* **59**, 2720-2724 (2005)

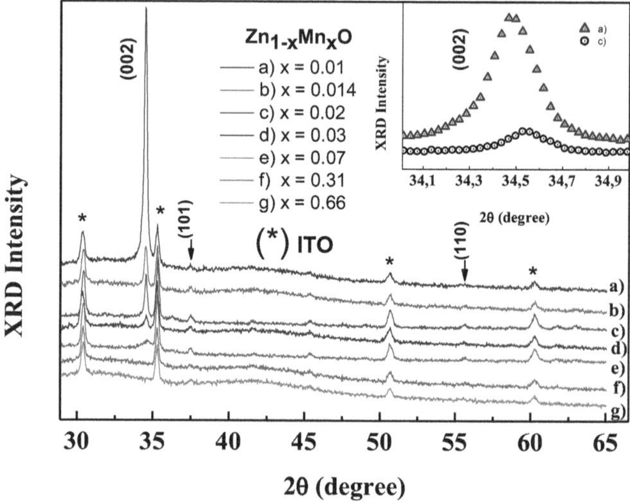

Figura 6.6 Espectro XRD de diferentes muestras de $Zn_{1-x}Mn_xO$ obtenidas a partir de distintas concentraciones de átomos de Mn en relación a x = [Mn]/([Mn]+[Zn]) en la capa. Los picos pertenecientes a diferentes orientaciones de ITO se han identificado mediante asteriscos (*).

Estas capas cristalizan en la estructura wurtzita del ZnO, creciendo en la dirección (002) deformando la red cristalina con el aumento de átomos de Mn en la misma. La estructura hexagonal wurtzita tiende a desaparecer al incrementar considerablemente la cantidad de Mn en la capa como resultado de la continua deformación de la estructura cristalina. No se observan picos correspondientes a esta estructura del ZnO u otras fases cristalinas de este óxido a partir de concentraciones de Mn superiores al 10% lo que sugiere que las capas crecidas pueden ser amorfas o apuntar a la existencia de otras estructuras completamente distintas. Por tanto, concluimos que la solubilidad límite del Mn en la red del ZnO con estructura cristalina wurtzita corresponde al compuesto $Zn_{0.9}Mn_{0.1}O$. Para mayores concentraciones de Mn, la difracción de rayos X no proporciona información. Nuestros resultados difieren de los reportados en la literatura y que indican una solubilidad del 30% para la estructura wurtzita en la incorporación del Mn. No obstante, estos resultados corresponden a otros métodos químicos de crecimiento con una temperatura del sustrato de 550ºC[5].

La posibilidad de conocer qué tipo de estructuras corresponden a las capas transparentes depositadas de $Zn_{1-x}Mn_xO$, de las cuales no hay información de difracción de rayos X, requiere la utilización de otras técnicas de estudio estructural como la espectroscopía Raman.

6.2.3.2 Estudio del espectro Raman para altas concentraciones de Mn en las capas de ZnMnO depositadas

En el apartado anterior hemos comentado que la incorporación de concentraciones de Mn superiores al 10% resulta en una deformación completa de la red cristalina wurtzita del ZnO, aunque la transparencia de la muestra se mantiene. La posibilidad de que haya cambiado de estructura se estudia mediante la espectroscopía Raman. La figura 6.7 muestra los resultados de los diferentes espectros Raman para diferentes muestras a elevadas concentraciones de Mn. Se observan dos fases distintas. La primera se corresponde con la estructura de la espinela mixta de $ZnMn_2O_4$, cuyos cinco picos o bandas de la muestra cuya concentración es de $x = 0.66$ son similares a los reportados en la literatura[6] y que se resumen en la tabla 6.1.

---

[5] B. Straumal, B. Baretzky, A. Mazilkin, S. Protasova, A. Myatiev, P. Straumal, *Journal of the European Ceramic Society* **29**, 1963-1970 (2009)

[6] L. Malavasi, P. Galinetto, M. C. mozzati, C. B. Azzoni, G. Flor, *Phys. Chem. Chem Phys.*, **4** 3876 (2002)

El pico 4 no se aprecia y el 5 está desplazado, es posible que se haya generado una banda mezcla de los dos picos en 314.25 cm^{-1}, que se encuentra entre ambos picos publicados. También se observa un desplazamiento de los picos cuando se aumenta la concentración debido a la deformación de la estructura.

También se han marcado dos zonas en las que se aprecian bandas incipientes poco definidas cuyo origen está en entredicho y que podrían estar relacionadas con la falta de estequiometria del compuesto con respecto a la espinela pura $ZnMn_2O_4$.

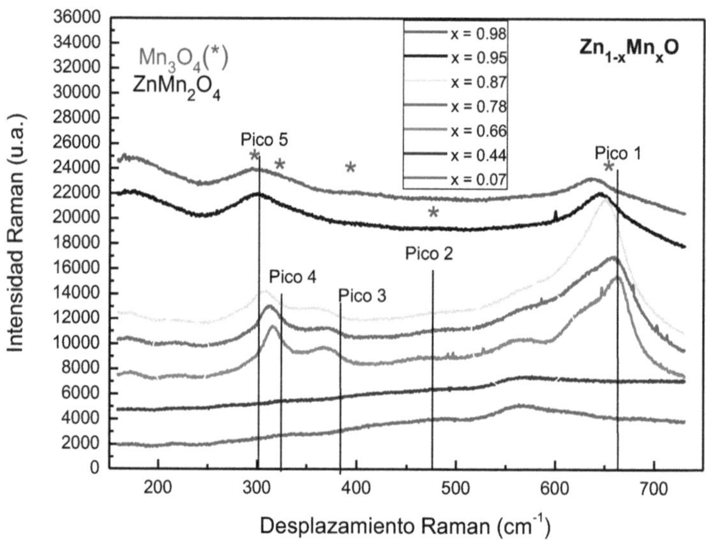

Figura 6.7 Espectro Raman para diferentes concentraciones de Mn de ZnMnO.

Las líneas verticales indican la posición de las frecuencias de los modos Raman en $ZnMn_2O_4$ puro reportadas por *L. Malvasi et al.*[6]. Los asteriscos indican las frecuencias de los modos Raman en la espinela de Mn_3O_4 reportados también en la literatura[6].

La segunda fase se corresponde con dos muestras de elevada concentración de Mn en las que se aprecian dos bandas anchas que atribuimos a la estructura Mn_3O_4. Los asteriscos indican las frecuencias de los modos Raman reportados en la literatura para la espinela pura de Mn. Como vemos, algún modo no aparece y otros están sensiblemente desplazados por lo que creemos que se trata de una espinela de Mn_3O_4 con una estructura espinela fuertemente distorsionada quizás tendente a una estructura amorfa.

Para las concentraciones bajas que se corresponden con una deformada estructura wurtzita del ZnO estudiadas mediante XRD, el espectro Raman no presenta ninguna banda que se asocie a las estructuras espinela antes analizadas.

Muestras	Pico1	Pico2	Pico 3	Pico 4	Pico 5
Mn_3O_4	659.5	478.5	374.1	319.4	289.8
$Zn_{0.02}Mn_{0.98}O$	638.9	-------	-------	-------	297.7
$ZnMn_2O_4$	677.6	475.5	381.9	320.5	300.2
$Zn_{0.44}Mn_{0.66}O$	661.9	475.9	370.8	-------	314.2

Tabla 6.1 Posición de los picos (cm^{-1}) en gris para los publicados[6] y en blanco para dos capas propias de los modos Raman de las espinelas $ZnMn_2O_4$ y Mn_3O_4.

6.3 Propiedades ópticas: Transmitancia

La figura 6.8 muestra la gráfica de la medida de la transmitancia de las diferentes muestras de $Zn_xMn_yO_z$ con distintas concentraciones de Mn. En este caso, también se pueden distinguir tres zonas. En el caso de concentraciones iniciales bajas de Mn, la transmitancia es similar al ZnO, pero para concentraciones superiores la banda de absorción fundamental es menos abrupta, continua deformándose y desplazándose hacia el infrarrojo a medida que aumenta la concentración de Mn en las muestras. A la vista de la figura 6.8, también se confirman 3 posibles comportamientos con 3 transmitancias diferentes correspondientes con estructuras distintas. El ligero desplazamiento de la banda de absorción observada para bajas concentraciones de Mn se atribuye básicamente al incremento de la energía del gap, debido a la incorporación de Mn en la red del ZnO [7,8]. Para concentraciones más elevadas se pierde la estructura wurtzita del ZnO, se deforma el gap respecto del ZnO y su absorción cambia considerablemente. La curva g) de la figura 6.8 corresponde a la transmitancia de una capa de óxido de manganeso con ausencia de Zn. Comparando con los resultados estructurales, se deduce que los compuestos $Zn_{1-x}Mn_xO$ obtenidos para bajas concentraciones de Mn, pasan de una estructura similar al ZnO, pasando por una estructura intermedia conectada con formaciones $Zn_{1-x}Mn_xMn_2O_4$ cuando el Zn se sustituye progresivamente por Mn en la red hasta obtener finalmente un óxido de manganeso amorfo.

Posteriores estudios de annealing con las muestras obtenidas de diferentes capas de ZnMnO a diferentes concentraciones no revelan variaciones respecto de la respuesta en transmitancia sin ningún tipo de tratamiento de térmico, como sucedía con los materiales anteriormente estudiados en los capítulos IV y V. Al no obtenerse resultados relevantes se obvia el apartado en este capítulo.

---

[7] I. Savchuk, V. I. Fediv, S. A. Savchuk, A. Perrone, *Superlattices and Microstructures* **38**, 421 (2005)

[8] T. Fukumura, Z. Jin, A. Ohtomo, H. Koinuma, M. Kawasaki, Y. Matsumoto, H. Koinuma, Applied Physics Letters 78, 2700 (1999)

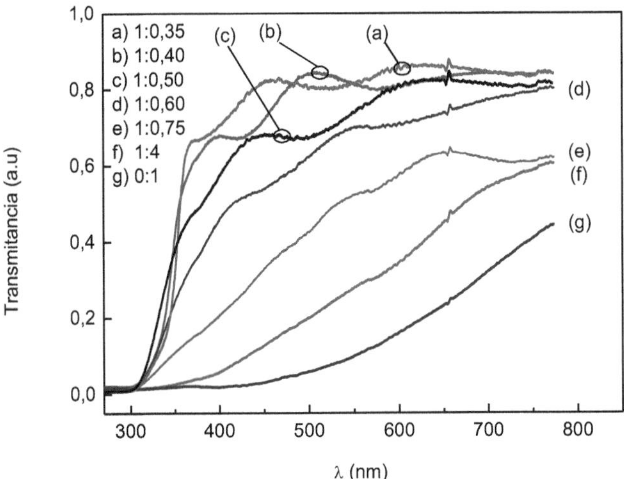

Figura 6.8. Espectro de transmitancias de diferentes muestras de $Zn_xMn_yO_z$ obtenidas a partir de diferentes concentraciones de Mn iniciales en disolución (Zn:Mn).

6.4 Comportamiento magnético.

La figura 6.9, muestra la dependencia de la magnetización con la temperatura para una capa con alto contenido de Mn, con una concentración de Mn dada por la fracción molar de x =Mn/(Zn+Mn)=0.95 sometido a un campo de 100G, realizando un enfriamiento entre 4 y 50K o usando un enfriamiento a campo cero (ZFC).

Las curvas ZFC y FC revelan una transición ferrimagnética alrededor de 34K, comportamiento que se corresponde con los valores publicados para la temperatura de transición, Tc del óxido Mn_3O_4 obtenido mediante crecimiento en volúmen[9,10].

Este resultado permite deducir que al obtener el mismo comportamiento ferrimagnético de Mn_3O_4, las muestras con gran cantidad de Mn responden en estructura al mismo óxido. Para una disolución inicial en ausencia de Zinc, el óxido formado es Mn_3O_4. Las medidas magnéticas realizadas sobre otras muestras con concentraciones inferiores de Mn no dan información sobre cualquier posible comportamiento magnético de las capas depositadas.

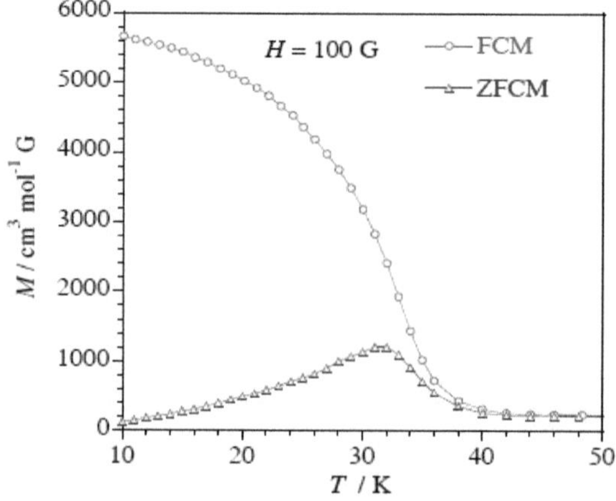

Figura 6.9. Curvas de magnetización de $Zn_xMn_yO_z$ en enfriamiento a campo (FC Field Cooling) y con enfriamiento a campo cero (ZFC Zero Field Cooling con una fracción molar de Mn/(Zn+Mn)=0.95 obtenidas para un campo aplicado de 100G.

---

[9] K. Dwight, N. Menyk, *Physics Review* **119**, 1470 (1960)

[10] G. Srinivasan, M. S. Seehra, *Physics Review B* **28**, 1 (1983)

CAPÍTULO VII

CONCLUSIONES

7. CONCLUSIONES

Este trabajo recoge la obtención y estudio de tres materiales ternarios crecidos a partir del óxido de zinc. Los tres materiales, $Zn_{1-x}Cd_xO$, $Zn_{1-x}Co_xO$ y $Zn_{1-x}Mn_xO$, que no habían sido obtenidos por electrodeposición con anterioridad tienen características comunes y características totalmente distintas con respecto a su estructura y sus propiedades ópticas. Éstos han sido crecidos en las mismas condiciones de contorno: 90°C, -0.9V utilizando un electrodo Ag/AgCl, DMSO como disolvente y $KClO_4$ como electrolito a 0.1M.

7.1 Aspecto de las diferentes capas.

A nivel macroscópico, los tres materiales obtenidos tienen gran transparencia y homogeneidad. Aunque el $Zn_{1-x}Cd_xO$ es incoloro, el $Zn_{1-x}Co_xO$ pasa de un azul intenso a un amarillo ocre al variar la concentración de Co, y el $Zn_{1-x}Mn_xO$ pasa de un amarillo suave a marrón.

A nivel microscópico, las fotografías del microscopio electrónico muestra unas formas circulares con textura granulada y homogénea para todas las capas a diferencia de las nanocolumnas de ZnO obtenidas mediante disoluciones acuosas. Esta textura granulada se debe a la utilización de DMSO como disolvente para la electrodeposición como se ha explicado en el capítulo II.

7.2 Estructura de las capas depositadas.

La incorporación del metal en la red cristalina del ZnO se produce de distinta manera para el $Zn_{1-x}Cd_xO$ que para el $Zn_{1-x}Co_xO$ y el $Zn_{1-x}Mn_xO$. La figura 7.1 muestra de nuevo relación entre la fracción molar de las concentraciones iniciales de los metales y la fracción molar del contenido del metal en la red cristalina. Como se observa en la figura 7.1 a) la relación de fracciones molares para el $Zn_{1-x}Cd_xO$ mantiene un comportamiento exponencial pero al superar concentraciones de x=0.3 el compuesto obtenido es óxido de cadmio. Por tanto se distinguen dos zonas diferenciadas por la línea de puntos, la parte inferior corresponde al compuesto $Zn_{1-x}Cd_xO$ que mantiene la estructura wurtzita del ZnO donde el crecimiento se produce principalmente en la dirección (002), aunque aparecen otras direcciónes de crecimiento con menor intensidad. En la parte superior de la gráfica las muestras se corresponden con CdO con estructura cúbica con diferentes direcciones de crecimiento. Por tanto, concluimos que el límite de incorporación de Cd en la red del ZnO está entorno al 30%.

En cambio, la capas de $Zn_{1-x}Co_xO$ y $Zn_{1-x}Mn_xO$ muestran una función de Boltzman bastante similar. En la figura 7.1 b) se distinguen tres fases. Para un contenido del metal bajo en la red del ZnO, el compuesto mantiene la estructura wurtzita del mismo. La dirección de crecimiento principal también es la (002). La pendiente de la función es suave. Consideramos el límite de incorporación de Co en la red cristalina del ZnO sin alterar su estructura alrededor del 20%. En el caso del Mn el límite de incorporación en la red cristalina del ZnO es del 10%. En el segundo tramo, la pendiente es muy abrupta y en ambos casos el espectro Raman muestra que estas estructuras corresponden a la espinela ZnM_2O_4 (M = Mn, Co). Para concentraciones muy elevadas del metal en el compuesto, la pendiente vuelve a ser muy suave, pero se producen dos estructuras diferenciadas. En el caso del Co, la estructura observada se corresponde exactamente con la espinela Co_3O_4, pero en el caso del Mn, no se observa claramente esta estructura, se considera que el material es amorfo.

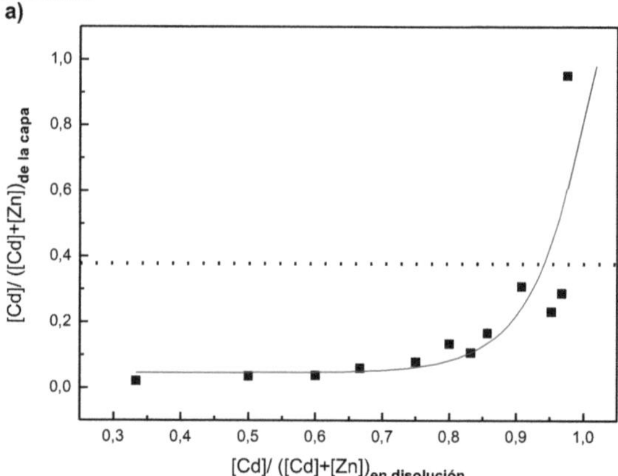

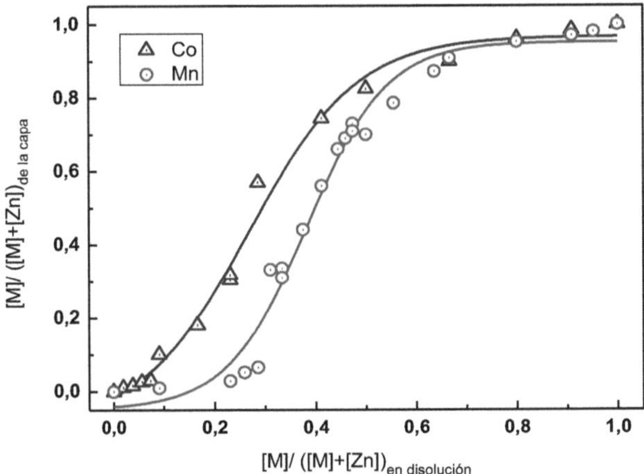

Figura 7.1. Fracción molar M/(M+Zn) presente en la capa depositada en función de la fracción molar M/(M+Zn) de los precursores en la disolución inicial. a) función para las capas de $Zn_{1-x}Cd_xO$, b) función para las capas de $Zn_{1-x}Co_xO$ y $Zn_{1-x}Mn_xO$.

7.3 Velocidad de crecimiento

La velocidad de crecimiento de los distintos materiales, varía de un material al otro pues la respuesta de la corriente al potencial de crecimiento elegido en el proceso de electro deposición (-0.9V) es distinta. La velocidad de crecimiento es mayor en el caso de $Zn_{1-x}Cd_xO$ y $Zn_{1-x}Mn_xO$ y un menor para el $Zn_{1-x}Co_xO$ oscilando entre 60nm/min y 45nm/min. Como se observa en las voltametrías de cada capítulo, la corriente en el caso del crecimiento de $Zn_{1-x}Co_xO$ es de -0.6mA, mucho menor que para los otros dos materiales que se sitúan alrededor de -1mA/cm^2.

7.4 Propiedades ópticas: Transmitancia y absorbancia.

En los tres materiales se observa elevada transmitancia alrededor de 100%, se presenta en todos los materiales una banda de absorción en el rango del visible que se corresponde con la transmitancia del ZnO.

Las capas de $Zn_{1-x}Cd_xO$ depositadas, producen un desplazamiento de la energía del gap en función del contenido de Cd incorporado en la red del ZnO. Las interferencias en la transmitancia o reflectancia, nos dan la posibilidad de calcular el grosor de la capa.

Las capas de $Zn_{1-x}Co_xO$ y $Zn_{1-x}Mn_xO$, a diferencia del anterior, producen una deformación del gap a medida que se deforma la estructura wurtzita del ZnO, desplazando la banda principal de absorción hacia el rojo. También se observan tres bandas de absorción adicionales en las capas $Zn_{1-x}Co_xO$ que se corresponden con la sustitución del Zn por el Co tetrahédrico en la red.

7.5 Efecto del annealing en las capas.

El tratamiento térmico aplicado a las muestras, revela un desplazamiento del gap a medida que se aumenta la temperatura de recocido hasta llegar a 500ºC. Para temperaturas entre 100 y 300ºC se aumenta la calidad cristalina y se desplaza el gap considerablemente, para temperaturas más elevadas, se deforma la red cristalina y se pierde calidad. Éste es el caso del $Zn_{1-x}Cd_xO$ y del $Zn_{1-x}Co_xO$. En caso de utilizar esta característica para desplazar el gap se debe llegar a un compromiso entre la calidad y el desplazamiento al que se pretende llegar, en este caso una temperatura óptima de annealing es 300ºC.

Para el caso del $Zn_{1-x}Mn_xO$, los estudios realizados no varían la disposición del gap, únicamente se pierde cristalinidad ya que se deforma la estructura al aplicarle calor. Al no proporcionar beneficios este tipo de tratamiento, no se pone de manifiesto en este trabajo.

7.6 Comportamiento magnético.

En el caso de la respuesta magnética de los materiales crecidos $Zn_{1-x}Co_xO$ y $Zn_{1-x}Mn_xO$, se concluye que las muestras con cobalto presentan un comportamiento paramagnético. Éste resultado confirma que se ha producido una incorporación total del Co en la red cristalina del ZnO. En la literatura se publican comportamientos ferromagnéticos, pero se atribuyen a cúmulos de cobalto que no se han incorporado en la red. Por tanto, este tipo de comportamientos describen capas no homogéneas, materiales que difieren de nuestras capas homogéneas.

En el caso de $Zn_{1-x}Mn_xO$, se observa un comportamiento ferrimagnético en el caso de concentraciones muy elevadas de Mn, cuando se trata prácticamente capas de óxido de manganeso, para concentraciones menores de Mn en las muestras no hay respuesta magnética.

LÍNEAS FUTURAS DE INVESTIGACIÓN

La obtención de capas finas de compuestos ternarios a partir del óxido de zinc, la calidad de las muestras obtenidas, sus características físicas y el método empleado para su deposición, abren un horizonte de posibilidades para diferentes líneas de trabajo posteriores.

1. La obtención de estos ternarios, abre las puertas al estudio de la deposición de otros compuestos derivados del ZnO, como puede ser el $Zn_{1-x}Fe_xO$ cuyas posibilidades en el campo del magnetismo podrían ser útiles para diferentes proyectos tecnológicos. Este compuesto se está desarrollando aunque sin resultados satisfactorios todavía.

2. Para fabricar dispositivos se necesita disponer de un material semiconductor de tipo p. Teóricamente, el Cu sustituyendo al Zn actúa como aceptor y debe producir un material tipo p. Por ello se aborda la posibilidad de obtener el compuesto $Zn_{1-x}Cu_xO$ mediante electrodeposición, como se ha conseguido con los compuestos ternarios ya estudiados. Esta línea de investigación ya está siendo trabajada y los resultados son satisfactorios pendientes de publicación, mientras se escribe este trabajo.

3. La utilización de otro tipo de disolventes orgánicos en la electrodeposición de materiales semiconductores basados o no en el ZnO, abre un abanico de posibilidades en el estudio de la utilización de disolventes orgánicos distintos del DMSO, como puede ser el Acetonitrilo o líquidos iónicos para la obtención de ZnO, ZnCdO, ZnMnO y ZnCoO, comparando las semejanzas o diferencias con los materiales obtenidos en este trabajo y la trascendencia del disolvente empleado en el proceso de electrodeposición.

4. El estudio del proceso de electrodeposición, con la posibilidad de medida de la variación de la carga de la disolución *in situ*, durante la deposición y la repercusión en el material obtenido, sería de relevante importancia para el profundo conocimiento de las reacciones que tienen lugar dentro de la celda de electrodeposición. Este estudio no tenemos constancia de que se haya realizado anteriormente. Para ello se necesita de un equipamiento específico como es el sistema de microbalanza de cristal de cuarzo (RQCM

Research Quartz Crystal Microbalance) adquirido por nuestro departamento actualmente.

5. Para la caracterización del carácter del semiconductor (tipo p o n) se requiere de la realización de medidas electroquímicas, que se han hecho posible utilizando el mismo equipo de electrodeposición y añadiendo una cámara oscura con los elementos necesarios para la obtención de resultados fiables. Esta nueva infraestructura permite la realización de numerosos estudios in situ, que permitirán nuevas caracterizaciones de los materiales y su respuesta eléctrica a diferentes longitudes de onda.

6. Como se comentó al inicio de esta tesis, las propiedades físicas del ZnO lo convierten en un candidato para su utilización como sustrato en el crecimiento heteroepitaxial de otros compuestos. Esto lleva a la pregunta de si los compuestos ternarios obtenidos, con propiedades físicas distintas podrían ser también aptos como sustrato para el crecimiento de otros compuestos.

7. La obtención de espinelas para concentraciones muy elevadas de Co y Mn en la deposición de los ternarios respectivos, abren un campo para la obtención de espinelas por procesos de electrodeposición (jamás obtenidas previamente por esta técnica de crecimiento), el estudio estructural y de sus propiedades físicas, así como de sus aplicaciones tecnológicas.

8. Y finalmente, la otra posibilidad que se abre es la deposición de capas de diferentes composiciones creando estructuras multicapa a partir de la variación de los diferentes parámetros que intervienen en el crecimiento mediante electrodeposición.

Con todo este pequeño abanico de posibilidades abierto a partir de la obtención de los materiales estudiados en estas páginas, confirman el universo de incógnitas que plantea el estudio de los materiales semiconductores y la diversidad de posibilidades y aplicaciones que todavía quedan por descubrir.

APÉNDICE

Índice de artículos publicados

1. *Synthesis of ZnCdO thin films by electrodeposition*

   M. Tortosa, M. Mollar and B. Marí

   Journal of Crystal Growth 304, 97-102 (2007)

2. *Optical and magnetic properties of ZnCoO thin films synthesized by electrodeposition*

   M. Tortosa, M. Mollar, B. Marí, and F. Lloret

   Journal of Applied Physics 104, 033901 (2008)

3. *Cathodic electrodeposition of ZnCoO thin films*

   M. Tortosa, M. Mollar, F.J. Manjón, B. Marí, and J.F. Sánchez-Royo

   Physica Status Solidi (C) 5, No. 10, 3358-3360 (2008)

4. *Synthesis and structural studies of Diluted Magnetic Semiconductors by electrodeposition*

   M. Tortosa, M. Mollar, and B. Marí

   Physica Status Solidi (C), 5, No.11, 3467-3470 (2008)

5. *Optical properties of zinc oxide-based ternary compounds synthesized by electrodeposition*

   B. Marí, J. Cembrero, M. Mollar, and M. Tortosa

   Physica Status Solidi (C) 5, No. 2, 555-558 (2008)

6. *Effect of annealing on Zn1-xCoyOthin films prepared by electrodeposition*

   A. El Manouni, M. Tortosa, F.J. Manjón, M. Mollar, B. Marí, J.F. Sánchez-Royo

   Microelectronics Journal 40, 268-271 (2009)

7. *Electrodepositing ZnxMnyOz alloys from zinc oxide to manganese oxide*

   M. Mollar, M. Tortosa, R. Casasús, B. Marí

   Microelectronics Journal 40, 276-279 (2009)

8. *Electrodeposited ZnCdO thin films as a conducting window for solar cells*

   B. Marí, M. Tortosa, M. Mollar, J.V. Boscà, H. Cui

   Optical Materials 32, 1423–1426 (2010)

ELSEVIER

Available online at www.sciencedirect.com

ScienceDirect

Journal of Crystal Growth 304 (2007) 97–102

www.elsevier.com/locate/jcrysgro

Synthesis of ZnCdO thin films by electrodeposition

M. Tortosa, M. Mollar, B. Marí*

Departament de Física Aplicada, Universitat Politècnica de València, Camí de Vera s/n, 46022 València, Spain

Received 18 October 2006; received in revised form 22 December 2006; accepted 9 February 2007
Communicated by D.W. Shaw
Available online 3 March 2007

Abstract

Ternary single-phase $Zn_{1-x}Cd_xO$ alloy semiconductor films were obtained by means of cathodic deposition. Crystalline thin films with cadmium concentrations ranging from about 0.4% to 9% were electrodeposited onto glass conductive substrates and subsequently annealed in air at 300 °C. XRD studies confirm a hexagonal wurtzite structure for the ternary alloy compounds. The amount of cadmium incorporated in the electrodeposited films, which was measured by EDS, produces a red shift of the absorption edge of the alloy semiconductor films proportional to the cadmium content. A linear relationship has been found between the width of the film and the deposited electric charge.

PACS: 71.20.Nr

Keywords: A1. Crystal structure; A2. Electrochemical growth; B1. Zinc compounds; B2. Semiconducting II–VI materials

1. Introduction

Zinc oxide (ZnO) is one of the most promising materials for the fabrication of optoelectronic devices operating in the blue and ultra-violet (UV) region, owing to its direct wide band gap (3.37 eV) and large exciton binding energy (60 meV) [1]. On the other hand, ZnO is a commercially available material with advantages of low cost, non-toxicity and high chemical stability [2].

Ternary ZnCdO semiconductor has great potential applications in short-wavelength optoelectronic devices. To fabricate optical devices such as laser diodes, band gap engineering is necessary and ZnCdO is regarded as an ideal material for ZnO-based devices. By alloying with CdO, which has a cubic structure and a narrower direct band gap of 2.3 eV, the band gap of ZnO can be red-shifted to blue, or even green light spectra range. Moreover, the incorporation of Cd into ZnO is very useful for the fabrication of $ZnO/Zn_{1-x}Cd_xO$ heterojunctions and superlattices, which are the key elements in ZnO-based light emitters and detectors [1].

Several methods for synthesis of ZnCdO thin films have been recently reported in literature, CVD [1], MOCVD [3,4], MBE [5], PLD [6,7], reactive magnetron sputtering [2,8–10], thermal evaporation [11,12].

Recently, wet processes such as chemical bath deposition or electrodeposition have emerged as alternative candidates for oxide thin film deposition [13–15]. A very large variety of oxides have been prepared by means of electrodeposition. This technique presents some interesting advantages when compared with the methods referred before. The deposition occurs at low temperature and at atmospheric pressure. It is a low-cost method which requires only simple apparatus, the film thickness can be directly monitored by the charge consumed during the deposition process. The main drawback is that only conducting substrates can be used.

Some oxides, such as ZnO, are directly electrodeposited under crystalline form of high quality [13]. In this work, $Zn_{1-x}Cd_xO$ thin films were synthesized by means of the cathodic electrodeposition technique and the influences of

*Corresponding author. Tel.: +34 963877525; fax: +34 963877189.
E-mail address: bmari@fis.upv.es (B. Marí).

0022-0248/$ - see front matter © 2007 Elsevier B.V. All rights reserved.
doi:10.1016/j.jcrysgro.2007.02.010

Cd contents on the structural and optical characterizations of $Zn_{1-x}Cd_xO$ thin films were discussed in detail.

2. Experimental details

The electrodeposition procedure consists of a classical three-electrode electrochemical cell and a solution containing 25 mM $ZnCl_2$, different concentrations of $CdCl_2$, 0.1 M $KClO_4$ as supporting electrolyte and dissolved oxygen in a DMSO solution [16,17]. A glass coated with F-doped polycrystalline SnO_2 (FTO) with a sheet resistance of 10 Ω/sq was used as a substrate. Conducting glass substrates were previously cleaned by rinsing with acetone followed by distilled water and dried. The conducting substrate was set up as a working electrode. A potentio/galvanostat was used to keep a constant potential during the deposition ($V = -0.9$ V). Three growth variables have been controlled during the electrodeposition process: potential, deposited electrical charge and temperature (90 °C). Substrates were located near the referential cathode at approximately 1 cm. After deposition, the films were subsequently rinsed with DMSO, distilled water and acetone and annealed in air at 300 °C during 30 min.

Scanning electron microscopy (SEM) images and quantitative elemental analysis were obtained by using a JSM 6300. For structural characterization, a high-resolution X-ray diffraction for XRD patterns in the θ–2θ configuration with a copper anticathode (Cu Kα, 1.54 Å) has been used. Optical properties were monitored by transmittance using a Xe lamp in association with a 500 mm Yvon–Jobin HR460 spectrometer using a GaAs photomultiplier tube detector optimized for the UV–vis range.

3. Results and discussion

Transparent films of $Zn_{1-x}Cd_xO$ were deposited onto transparent glass conductive substrates from a perchlorate bath at 90 °C over a fixed potential (−0.9 V). The amount of Cd in the ternary compound was varied by changing the $CdCl_2$ concentration with respect to the $ZnCl_2$ concentration from 1:0.125 to 1:3.

3.1. Morphology: SEM micrographs

Fig. 1 shows SEM top views of the film morphology. In the photograph, we can observe a homogenous film with the crystallized grains. Their diameter was about 0.7 μm. The morphology of these samples differs from that obtained in previous electrodeposited ZnO, where perfect hexagonal end planes nanocolumns with diameters and heights about 200 and 700 nm, respectively, were obtained from aqueous solutions containing 5×10^{-3} M of $ZnCl_2$, 10^{-1} M of KCl and dissolved oxygen [14,18].

Unlike the morphology obtained in aqueous deposition of ZnO, in this case, very uniform and homogeneous films are produced. Due to their flatness, these films are more transparent than those composed by nanocolumns where the diffuse reflectivity is significant.

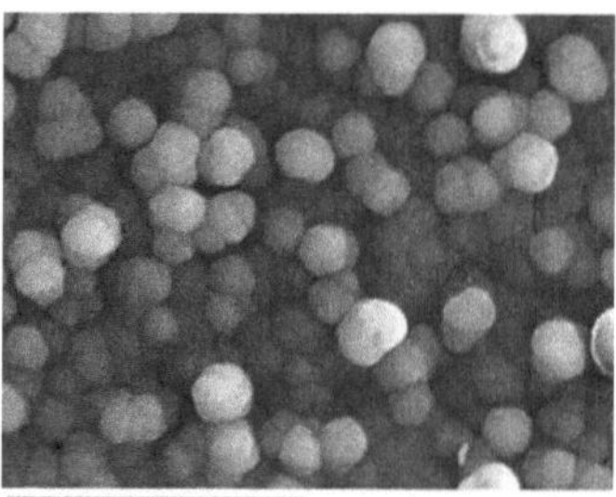

Fig. 1. SEM micrograph of a ZnCdO film.

Table 1
Parameters related to cadmium concentration in the different stages of the procedure

A	B	C	D
Dissolved Cd:Zn ratio	$[Cd^{2+}]$ initial content (M)	x in $Zn_{1-x}Cd_xO$	λ cut-off (nm)
1:0	0	0	369
1:0.125	3.125×10^{-3}	0.004	370
1:1	25×10^{-3}	0.04	372
1:2	50×10^{-3}	0.06	384
1:3	75×10^{-3}	0.09	390

(A) Ratio of cadmium and zinc content in the starting bath, (B) molarity of the initial content of $[Cd^{2+}]$, (C) cadmium final content and (D) cut-off wavelength of the resulting thin film.

3.2. Chemical composition

Table 1 shows the relation between the initial concentrations of $[Zn^{2+}]$ and $[Cd^{2+}]$ and the different values of x in the deposited films of $Zn_{1-x}Cd_xO$. Columns A and B concern the starting solution and indicate the dissolved Cd:Zn ratio (column A) and the molarity of Cd concentration (column B). Column C specifies the cadmium content present in the resulting film as measured by energy dispersive spectroscopy (EDS) and column D indicates the wavelength related to the onset of the absorption edge.

The chemical composition of the ZnCdO thin films was obtained from EDS. Fig. 2 shows a typical EDS spectrum for a ZnCdO sample. The different elements contents in the sample are observed in the spectrum and it confirms the Cd incorporation into the ZnO. Quantitative results of the cadmium contents are reported in column C of Table 1. Note the dependence observed between the Cd/Zn ratio

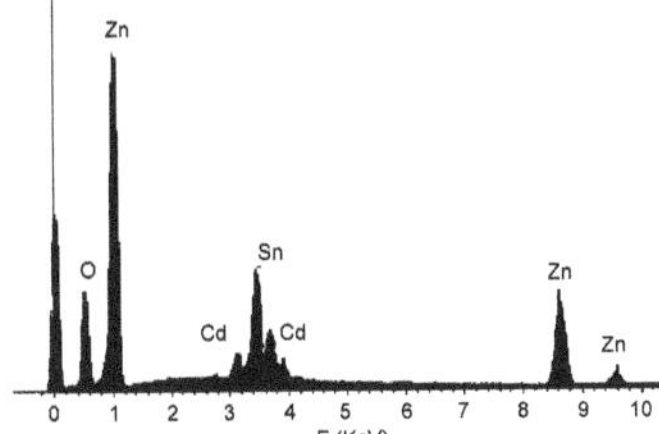

Fig. 2. EDS spectrum of a typical ZnCdO film.

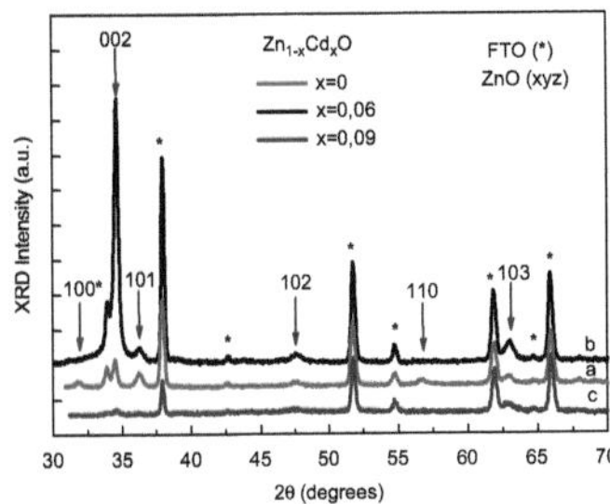

Fig. 3. XRD 2θ scan diagram of nanocolumnar $Zn_{1-x}Cd_xO$ crystals deposited on FTO-covered glass for different Cd contents: (a) $x = 0$, (b) $x = 0.06$ and (c) $x = 0.09$. The spectrum shows the presence of the (0 0 2) preferred hexagonal wurtzite orientation. Peaks belonging to different orientations of FTO are identified with asterisk (*).

present in the starting solution (column A) and the amount of Cd incorporated in the deposited films. But a saturation of the final Cd content in the films is observed. The highest value achieved for the Cd content was 9% for a starting Cd:Zn ratio of 1:3. Attempts for using higher Cd/Zn ratio in the starting solution lead to a saturation and does not result in an increase of the final Cd content. The obtained value for the maximum Cd concentration reached in electrodeposited ZnCdO thin films is in good agreement with data reported in literature [3], where the highest Cd concentration of 8.5 at% was achieved in ZnCdO thin films grown by metal-organic vapour-phase epitaxy.

3.3. Structural studies

Fig. 3 shows the XRD pattern of the electrodeposited $Zn_{1-x}Cd_xO$ for three as-grown films with different cadmium concentrations. The diffraction peaks were identified as belonging to both ZnO and FTO. Peaks corresponding to the FTO substrate have been labelled with an asterisk while peaks due to $Zn_{1-x}Cd_xO$ films have been labelled with their respective crystallographic directions. The pattern associated with the electrodeposited layer is quite similar to electrodeposited ZnO and reveals a hexagonal wurtzite structure. The highest XRD intensity peaks are obtained for the ternary compound deposited from a starting Zn:Cd ratio of 1:2 which corresponds to a final Cd concentration of 6% (see Table 1). The preferred growth orientation for the $Zn_{0.94}Cd_{0.06}O$ film is the (0 0 2) direction as inferred from the relative intensities corresponding to other orientations. The intensity of the XRD peaks for the $Zn_{0.91}Cd_{0.09}O$ film drastically decreases which suggests that cadmium concentrations higher than 6% result in a lost of crystal quality. No shift in the position of the diffraction peak corresponding to the (0 0 2) direction was observed for any of the ternary samples. It means that, for Cd contents lower than 9%, the c-axis parameter remains unaltered as already established in Ref. [3]. These authors report an increase of the unit-cell volume attributed to Cd owing to a deformation which only affects the direction perpendicular to (0 0 2).

No peaks corresponding to CdO are observed which indicates the absence of cubic CdO, and consequently all the cadmium is forming part of the lattice of the ternary alloy. This is in good agreement with Refs. [19,20] where for low Cd concentrations ($x \leqslant 0.2$ in $Zn_{1-x}Cd_xO$) the resulting film incorporates all the Cd into the ZnO lattice, and consequently only peaks corresponding to wurtzite structure are present while higher Cd concentrations led to the appearance of additional XRD peaks corresponding to the cubic structure of CdO. In our case, we always observe a limit of about 9% of cadmium in the electrodeposited films even if the Zn:Cd ratio is highly increased in the starting solution.

3.4. Optical transmission

The spectra of optical transmission are dependent on both the cadmium content and annealing temperature. Previous studies revealed that the as-grown electrodeposited samples are highly conductive due to the presence of free electrons which produces a shift of the optical gap to higher energies known as Burstein Moss effect [21,22]. Subsequent annealing is necessary in order to decrease the free-electron concentration for obtaining the actual value of the band gap. Experimental studies confirm that annealing at moderate temperature is an efficient way to reduce the donor concentration in electrodeposited ZnO nanowires [23]. Annealing treatments reduce the residual donor concentration but do not alter the crystalline structure [14]. In fact, in the samples studied here, no differences were observed in the XRD spectra before and after annealing at 300 °C. Therefore, the first step should be devoted to the determination of the optimal annealing temperature that permits simultaneously to obtain the optical value of the band gap and to maintain a good value of the transmittance of the samples.

The spectra of optical transmission of thin films were measured at several temperatures between 100 and 500 °C in steps of 100 °C. Identical results were obtained for all measured films independent of the cadmium content of thin film. Fig. 4 shows the transmittance spectra of a $Zn_{0.94}Cd_{0.06}O$ film for different annealing temperatures. These spectra are shown as recorded and were obtained dividing the transmission spectrum through the ZnCdO-covered substrate by the transmission spectrum through the FTO substrate. Two different effects can be observed in this picture: (a) a change in the average transmittance in the visible range and (b) a variation of the onset of the transmittance with the wavelength that shifts to longer wavelengths when increasing the annealing temperature.

The first appreciable effect is the enhancement of the transmittance for the deposited as-grown film as well as for the film annealed at 100 °C. This effect is as if an anti-reflecting film would have been deposited. The antireflecting character of the new surface is due to a diminution of the diffused reflectivity. In fact, this effect of increasing the transmittance after deposition is already appreciated with the naked eye and should be related to the enhancement of the electrodeposited film surface which is even more perfect than the surface of the FTO substrate. The perfection (smoothness) of the deposited surface is also evidenced in the amplitude of the interferential fringes shown in Fig. 4. Annealing at temperatures higher than 100 °C results in a progressive decrease of the transmission in the visible range.

The other effect of annealing on the transmission spectra concerns the onset of the transmittance, i.e. the cut-off wavelength where the absorption ends and begins the transmittance. The cut-off wavelength shifts to the red when increasing the annealing temperature and simultaneously a degradation of the transmittance is observed. In this situation, we have to look for a compromising solution involving the annealing temperature. The optimal temperature for an annealing treatment should shift the absorption edge to the red and conserve a good enough transmittance in the visible range. Our conclusion is that the optimal annealing temperature reaching these two conditions is 300 °C. Annealing at higher temperatures results in a drastic decrease of transmission. On the other hand, the λ cut-off shift to the red with the annealing temperature, but at temperatures higher than 300 °C the red shift of the λ cut-off tends to saturation. This result can be easily followed from Fig. 5, where the onset of the transmittance (λ cut-off) has been represented for two samples as a function of the annealing temperature. As can be observed, the interval between different λ cut-off for two samples is kept with the annealing temperature increase.

Fig. 6 shows the transmission spectra for a set of five samples containing different cadmium concentrations after being annealed once at 300 °C in air. ZnCdO thin films exhibit very good transmission (generally higher than 10%) in the studied range which means the antireflecting character of the films in the visible region. The effect of increasing the Cd content of the ternary films is a red shift of the optical gap. The value of the λ cut-off obtained by extrapolation of the transmission edge on the wavelength axis appears also in column D of Table 1. As expected, the higher the cadmium content present in thin films, the higher the red shift of the transmission edge. This effect also confirms the incorporation of cadmium into the lattice of the ZnO film.

3.5. Width of the thin films

The width of the films, d, was obtained from the interferential fringes of the transmission spectra through

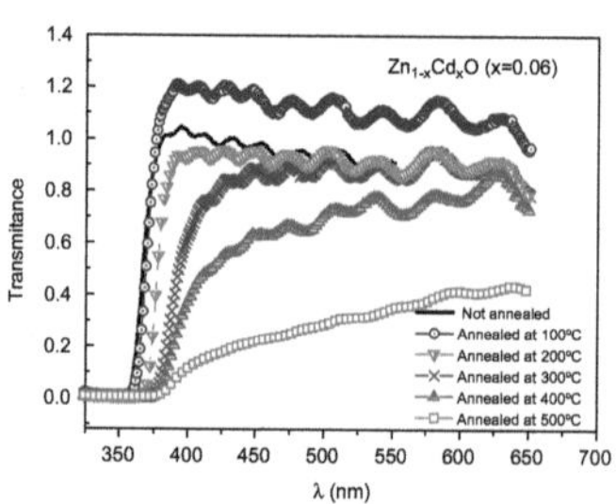

Fig. 4. Transmittance for a $Zn_{1-x}Cd_xO$ sample ($x = 0.06$) annealed between 100 and 500 °C.

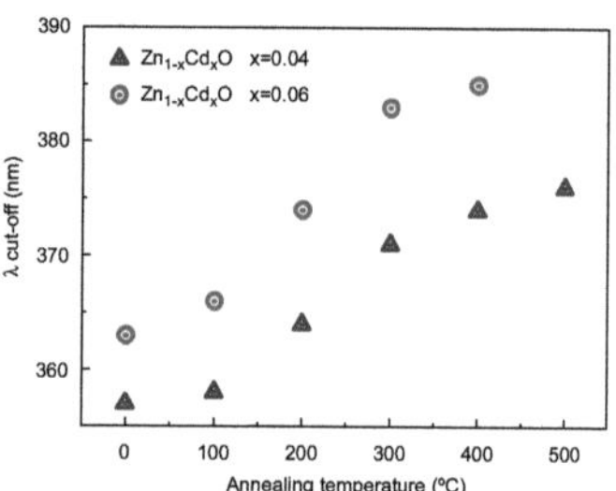

Fig. 5. λ cut-off for two different $Zn_{1-x}Cd_xO$ samples (circles: $x = 0.04$ and triangles: $x = 0.06$) annealed between 100 and 500 °C compared with the corresponding λ cut-off for the same as-grown films (before annealing).

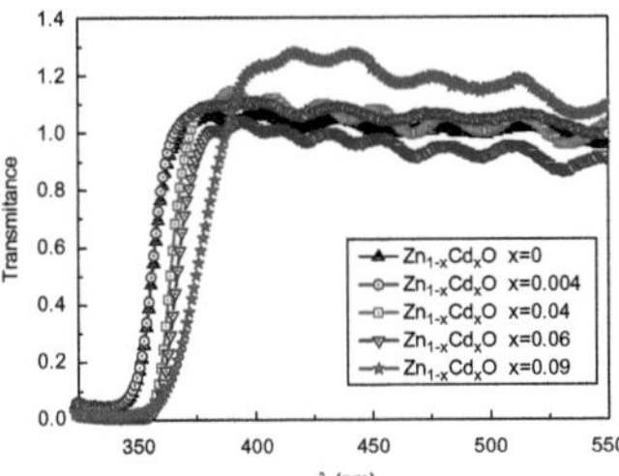

Fig. 6. Transmittance for three $Zn_{1-x}Cd_xO$ samples annealed at 300 °C and compared with a ZnO sample annealed at the same temperature.

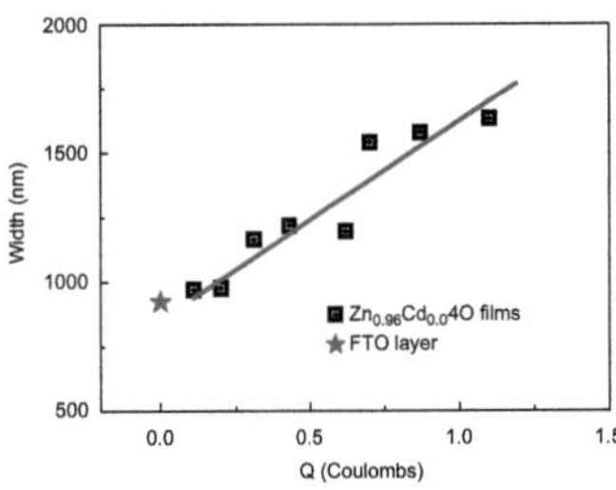

Fig. 7. Width of the $Zn_{0.96}Cd_{0.04}O$ samples as a function of the deposited electric charge. The covered surface of the substrate is about 1 cm^2. Star: width of the FTO conducting layer and open squares: width of the ZnCdO films deposited on FTO glass substrates.

the well-known relationship

$$d = \frac{\lambda_1 \lambda_2}{2n(\lambda_1 - \lambda_2)},$$

where n is the refraction index of the film, taken as ($n = 2$) in these calculations, and λ_1 and λ_2 represent the wavelengths corresponding to two consecutive maximums.

Fig. 7 represents the width of the growing ternary thin films as a function of the deposited electrical charge. Good linearity between the width of the films and the deposited electrical charge is observed. The linear fit gives 860 nm for the extrapolated width at the origin when no electrical charge has still been deposited. This value is in good agreement with the width of the FTO layer substrate which nominally is of about 900–950 nm. The small difference could come from the value of the refraction index $n = 2$ used in this calculation for both films, FTO and ZnCdO. The slope of the line fit represents the growth rate for the ternary film which equals 770 nm/C. Taking into account the value of 1 mA/cm^2 as the average current density involved in the electrodeposition process of the ZnCdO films, a growth rate 45 nm/min is obtained.

4. Conclusion

In conclusion, we have shown that electrodeposition is an effective technique to obtain ternary $Zn_{1-x}Cd_xO$ alloy films using a low-cost method that works at low temperature and at atmospheric pressure. Cadmium is incorporated into the ZnO lattice up to a maximum of about 9%. The electrodeposited $Zn_{1-x}Cd_xO$ films exhibit a wurtzite structure with a preferred orientation in the (0 0 2) direction similar to the case of electrodeposited ZnO. The $Zn_{1-x}Cd_xO$ thin films have good transmittance in the visible spectral range. The cut-off wavelength of the optical gap shifts to the red when the amount of Cd present in the $Zn_{1-x}Cd_xO$ films increases. The width of the ternary electrodeposited films can be precisely controlled through the amount of deposited electrical charge. The rate of film growth was about 45 nm/min.

Acknowledgement

This work was supported by Spanish Government MEC Grant MAT2006-02279.

References

[1] F. Wang, Z. Ye, D. Ma, L. Zhu, F. Zhuge, J. Crystal Growth 283 (2005) 373.
[2] L. Chen, Z. Ye, D. Ma, B. Zhao, C. Lin, L. Zhu, J. Crystal Growth 274 (2005) 458.
[3] J. Zuñiga, V. Muñoz-Sanjosé, M. Lorenz, G. Benndorf, S. Heitsch, D. Spemann, M. Grundmann, J. Appl. Phys. 99 (2006) 1.
[4] F. Bertram, S. Giemsch, D. Forster, J. Christen, R. Kling, C. Kirchner, A. Waag, Appl. Phys. Lett. 88 (2006) 061915.
[5] K. Sakurai, T. Takagi, T. Kubo, K. Kajita, T. Tanabe, H. Takasu, S. Fujita, J. Crystal Growth 514 (2002) 237.
[6] S.Y. Lee, Y. Li, J.-S. Lee, J.K. Lee, M. Nastasi, S.A. Crooker, A.X. Jia, H.-S. Kang, J.-S. Kang, Appl. Phys. Lett. 85 (2004) 2.
[7] H.S. Kang, S.H. Lim, J.W. Kim, H.W. Chang, G.H. Kim, J.-H. Kim, S.Y. Lee, Y. Li, J.-S. Lee, J.K. Lee, M.A. Nastasi, S.A. Crooker, Q.X. Jia, J. Crystal Growth 287 (2006) 70.
[8] D.W. Ma, Z.Z. Ye, L.L. Chen, Phys. Status Solidi 201 (13) (2004) 2929.
[9] D.W. Ma, Z.Z. Ye, J.Y. Huang, L.P. Zhu, B.H. Zhao, J.H. He, Mater. Sci. Eng. B 111 (2004) 9.
[10] D.W. Ma, Z.Z. Ye, Y.S. Yang, Appl. Phys. B 82 (2006) 85.
[11] F.Z. Wang, H.P. He, A.A. Ye, L.P. Zhu, J. Appl. Phys. 98 (2005) 084301.
[12] C.X. Shan, Z. Liu, Z.Z. Zhang, D.Z. Shen, S.K. Hark, J. Phys. Chem. B 110 (2006) 11176.
[13] Th. Pauporté, A. Goux, A. Kahn-Harari, N. De Tacconi, C.R. Chenthamarakshan, K. Rajeshwar, D. Lincot, J. Phys. Chem. Solids 64 (2003) 1737.

[14] J. Cembrero, A. Elmanouni, B. Hartiti, M. Mollar, B. Marí, Thin Solid Films 451–452 (2004) 198.

[15] B. Marí, F.J. Manjón, M. Mollar, J. Cembrero, R. Gómez, Appl. Surf. Sci. 252 (2005) 2826.

[16] D. Gal, G. Hodes, D. Lincot, H.-W. Schock, Thin Solid Films 361–362 (2000) 79.

[17] R. Jayakrishnan, G. Hodes, Thin Solid Films 440 (2003) 19.

[18] B. Marí, J. Cembrero, F.J. Manjón, M. Mollar, R. Gómez, Phys. Status Solidi (a) 202 (8) (2005) 1602.

[19] G. Santana, A. Morales-Acevedo, O. Vigil, L. Vaillant, F. Cruz, G. Contreras-Puente, Thin Solid Films 373 (2000) 235.

[20] O. Vigil, L. Vaillant, F. Cruz, G. Santana, A. Morales-Acevedo, G. Contreras-Puente, Thin Solid Films 361–362 (2000) 53.

[21] E. Burstein, Phys. Rev. 93 (1954) 632.

[22] T. Moss, Optical Properties of Semiconductors, Academic Press, New York, 1961.

[23] I. Mora-Seró, F. Fabregat-Santiago, B. Denier, J. Bisquert, R. Tena-Zaera, J. Elias, C. Levy-Clement, Appl. Phys. Lett. 89 (2006) 2031117.

JOURNAL OF APPLIED PHYSICS **104**, 033901 (2008)

Optical and magnetic properties of ZnCoO thin films synthesized by electrodeposition

M. Tortosa,[1] M. Mollar,[1] B. Marí,[1,a] and F. Lloret[2]
[1]*Departament de Física Aplicada, Universitat Politècnica de València, Camí de Vera s/n, València 46022, Spain*
[2]*Departament de Química Inorgànica/Institut de Ciència Molecular, Universitat de València, Avda. Dr. Moliner 50, Burjassot 46100, Spain*

(Received 11 December 2007; accepted 5 May 2008; published online 1 August 2008)

Ternary $Zn_{1-x}Co_xO$ crystalline films with different compositions were grown by electrodeposition. The Co content in the final compound is linked to the initial Co/Zn ratio in the starting solution. X-ray diffraction reveals a wurtzite structure for the $Zn_{1-x}Co_xO$ films. Transmittance spectra show two effects proportional to Co content, a redshift of the absorption edge and three absorption bands, which are both interpreted to be due to the Co incorporated into the ZnO lattice. The amount of deposited charge was used to get a precise control of the film thickness. Magnetic measurements point out that Co(II) ions are isolated from each other, and consequently the films are paramagnetic.
 [DOI: 10.1063/1.2952548]

I. INTRODUCTION

Diluted magnetic semiconductors (DMSs) have recently received much attention because of complementary properties of semiconductor and ferromagnetic material systems. These materials are promising for spintronic devices because they provide charge and spin degrees of freedom in a single substance. The research on ternary ZnCoO semiconductors has been greatly stimulated by the high Curie temperature for the ferromagnetic transition calculated in bulk materials and found to be around 300 K.[1] As a consequence, ZnCoO could be a good candidate for practical applications in advanced spintronic devices (Ref. 2) if the predicted ferromagnetic behavior is experimentally confirmed.

At present, there are some controversies concerning the magnetic behavior of ternary ZnCoO compounds. Some authors claim they have succeeded in synthesizing materials with intrinsic ferromagnetic behavior.[3] Others attribute the origin of the ferromagnetism to different causes such as precipitation of Co_3O_4 (Ref. 4) or extrinsic contamination,[5] while other authors only report paramagnetic behavior.[6,7]

This animated interest in obtaining ZnCoO for spintronic applications is promoting big efforts to synthesize thin films by different methods such as molecular beam epitaxy,[3] sol-gel,[4] reactive magnetron cosputtering,[8–10] and pulsed-laser deposition.[6,7,11,12] On the other hand, the preparation of zinc oxide by electrodeposition is a well-established technique able to produce good crystalline materials under different morphologies (Refs. 13–15), and recently, two papers related to the synthesis of ternary zinc-related compounds (ZnMgO and ZnCdO) have appeared in the literature confirming that electrodeposition is an alternative method for ternary oxide thin film deposition.[16,17]

This technique presents some interesting advantages when compared with other methods referred before. Deposition occurs at low temperature and at atmospheric pressure that is compatible with deposition onto polymer substrates; the film thickness can be directly monitored by the charge consumed during the deposition process. It is a low-cost method that does not require expensive equipment and is environment friendly. Taking advantage of the versatility supplied by electrochemical wet methods, we can foresee that a large variety of oxides will be prepared by electrodeposition in the near future.

In this letter, we report the structural and optical characterizations of ternary $Zn_{1-x}Co_xO$ thin films with different Co contents synthesized by means of the cathodic electrodeposition technique using an organic liquid, dimethyl sulfoxide (DMSO), as electrolyte. The influence of Co content on the structural and optical properties of ternary $Zn_{1-x}Co_xO$ thin films will be discussed. Magnetic susceptibility measurements indicate that our films exhibit a paramagnetic behavior, which corresponds to isolated Co atoms without any magnetic interaction among them.

In an electrochemical procedure, the desired ions present in the bath, previously dissolved from suitable precursors, flow through the electrolyte driven by the action of an applied electric field. Some of them may be deposited on the electrode after undergoing a charge transfer reaction. Concerning the electrodeposition of ZnO, at least three different baths have already been used, namely, aqueous,[13–15] DMSO,[17–19] and nitrates.[20]

II. EXPERIMENTAL DETAILS

The electrodeposition procedure consists of a classical three-electrode electrochemical cell and a solution containing 25 mM of $ZnCl_2$, different concentrations of $CoCl_2$, $0.1M$ of $KClO_4$ as supporting electrolyte, and dissolved oxygen in a DMSO solution. The bath was maintained at 90 °C without stirring by a thermostat. Glass slides of about 1 $\times 2$ cm coated with fluorine-doped polycrystalline SnO_2 (FTO) with sheet resistances of 10 Ω/sq were used as sub-

[a]Author to whom correspondence should be addressed. FAX: +34 963877189. Electronic mail: bmari@fis.upv.es.

strates. Conducting glass substrates, previously cleaned by rinsing with acetone then with distilled water and dried, were set up as working electrodes located near the referential cathode at approximately 1 cm. Potentiostatic deposition was employed by means of a potentiostat/galvanostat to maintain a constant potential during the deposition ($V=-0.9$ V). After deposition, the films were subsequently rinsed with pure DMSO and distilled water.

Films of $Zn_{1-x}Co_xO$ were potentiostatically deposited (−0.9 V) from the dissolution at 90 °C containing both Co^{2+} and Zn^{2+} precursor species. The Co^{2+}/Zn^{2+} atomic ratio in the starting bath was varied by changing the $CoCl_2$ and $ZnCl_2$ concentration ratios between 4% and 30%. The films deposited onto the glass substrates are transparent to the human eye but become blue (commonly known as "blue cobalt") when the Co/Zn ratio in the starting bath is increased.

Quantitative elemental analysis was obtained by using a JEOL JSM 6300. The structural properties of these films were characterized through x-ray diffraction (XRD). XRD patterns in the Θ-2Θ configuration were performed using radiation of a copper anticathode (Cu $K\alpha$, 1.54 Å). Optical properties were monitored by transmittance using a Xe lamp in association with a 500 mm Yvon-Jobin HR460 spectrometer using a back-thinned charge-coupled device detector (Hammamatsu) optimized for the ultraviolet-visible spectroscopy range. Magnetic susceptibility measurements (2.0–300 K) were carried out with a Quantum Design SQUID magnetometer. The magnetic susceptibility was measured under an applied magnetic field of 1 T at high temperature ($T>20$ K) and 100 G at low temperature ($T<20$ K) to avoid any problem of magnetic saturation. The magnetic data of the sample were corrected for the substrate as well as for the zinc oxide diamagnetism.

III. RESULTS AND DISCUSSION

Figure 1(a) shows a typical energy dispersive x-ray (EDX) spectrum for a ZnCoO sample. The content of different elements in the sample is observed in the spectrum confirming the incorporation of Co into the ZnO matrix. Three lines coming from internal Co transitions located at $0.775(L_\alpha)$, $6.930(K_\alpha)$, and $7.649(K_\beta)$keV can be identified in the EDX spectrum. Lines corresponding to the other components of the films Zn and O also appear. The Sn lines come from the substrate. The chemical composition of the $Zn_{1-x}Co_xO$ thin films was obtained from the EDX spectra. Quantitative results of the Co/Zn ratio are calculated from the area of the corresponding spectral K lines. The amount of Co in the ternary films has been found to vary between 0.9% and 23% [as shown in Fig. 1(b)] as a function of the initial cations ratio in the starting dissolution.

Figure 2 shows the XRD pattern of four electrodeposited $Zn_{1-x}Co_xO$ films with different Co contents. The diffraction peaks located at 34.42° and 36.25° correspond to the (002) and (101) directions, respectively, of the ZnO hexagonal wurtzite structure. Peaks corresponding to (102) and (103) directions of the wurtzite lattice are still visible for the best crystallized sample $Zn_{0.94}Co_{0.06}O$. The six peaks labeled with stars come from the FTO substrate. The pattern associated

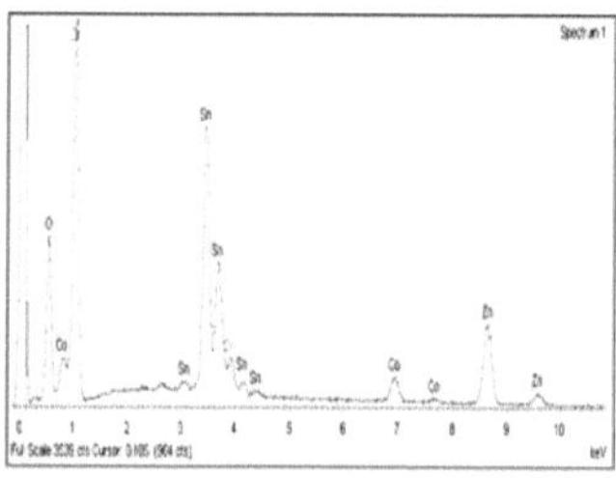

(a)

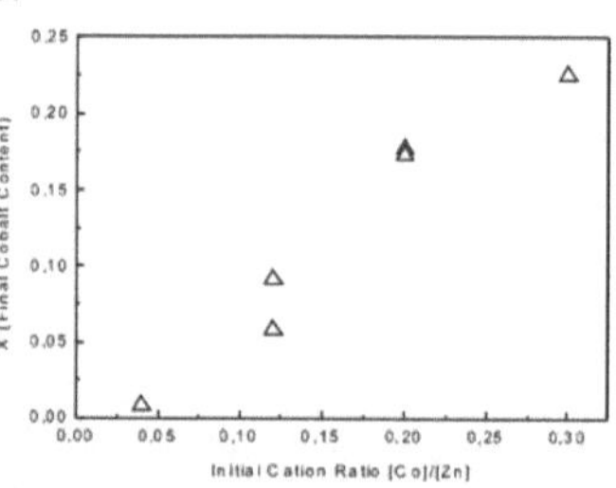

(b)

FIG. 1. (a) EDX spectrum of a ZnCoO film obtained from a bath containing a ratio of [Co]/[Zn]=20%. (b) Calculated Cobalt content in the final $Zn_{1-x}Co_xO$ alloy films as a function of the ratio concentrations of cations [Co]/[Zn] in the starting dissolution.

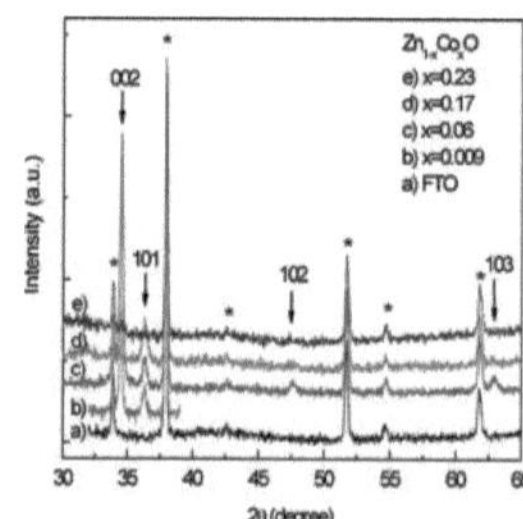

FIG. 2. (Color online) XRD 2θ scan diagram of ZnCoO crystals deposited on FTO covered glass. The spectrum shows the presence of the (002) preferred hexagonal wurtzite orientation. Peaks belonging to different orientations of ITO are identified with (*).

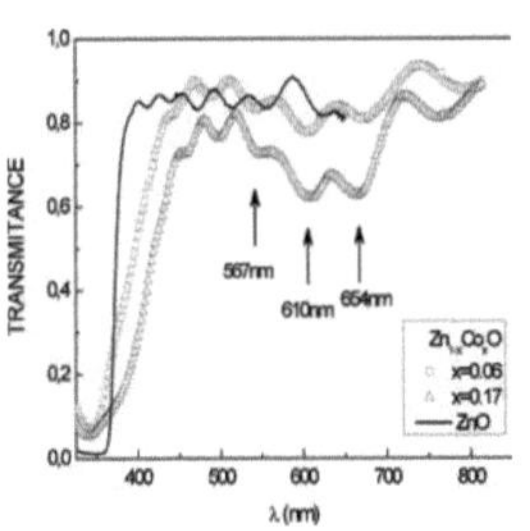

FIG. 3. (Color online) Transmittance of two $Zn_{1-x}Co_xO$ samples compared with a ZnO reference sample.

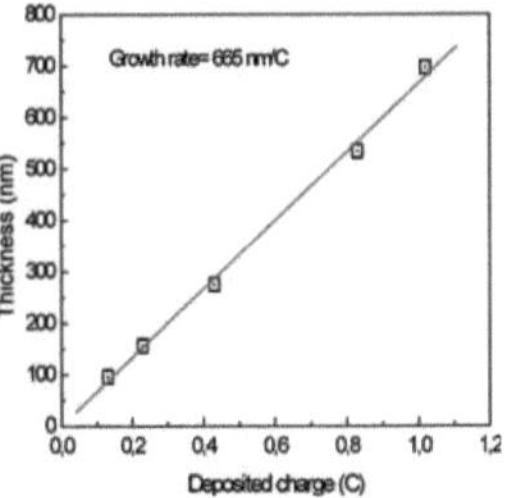

FIG. 4. (Color online) Thickness of several $Zn_{0.83}Co_{0.17}O$ films as a function of the deposited electrical charge.

with the electrodeposited $Zn_{1-x}Co_xO$ layer is identical to that of ZnO with a preferred growth orientation in the (002) direction. Increasing the Co concentration results in pronounced (002) intensity peak reaching a maximum for the $Zn_{0.94}Co_{0.06}O$ sample and practically disappearing for higher Co concentrations. The peak corresponding to the (101) direction reaches a maximum for the $Zn_{0.83}Co_{0.17}O$ film and tends to disappear for higher Co concentrations. This suggests that the ZnO lattice becomes deformed owing to the presence of increasing amounts of Co atoms, even preventing the observation of any wurtzite peaks for Co concentrations higher than 17%. On the other hand, the absence of peaks corresponding to cubic CoO indicates that no detectable amounts of mixed crystalline $(ZnO)_x(CoO)_{1-x}$ phases are present, and hence, Co atoms should be fully incorporated into the ZnO lattice.[21] Even though the XRD cannot exclude the presence of additional nanoscopic or amorphous phases, the magnetic measurements discussed below illustrate the former hypothesis.

Figure 3(a) shows a set of optical transmission spectra corresponding to blue-colored $Zn_{1-x}Co_xO$ thin films at 0.06 and 0.17 compared with the ZnO reference sample. In the visible region, high transmittance is exhibited by all films, which is a usual feature of ternary oxides grown by electrodeposition using DMSO as solvent.[17] The interference fringes, which are the consequence of the exceptional smoothness of these films, are evident. The fundamental absorption edge, which is very sharp for the ZnO sample, becomes deformed and shifts to the red as the Co content increases. Such a deformation can be decomposed into two parts: (a) a strong band arising probably from the hybridization of excited $3d$ Co levels with the conduction band, which is responsible for the shift of the absorption edge to higher wavelengths, and (b) an increase in the band-to-band fundamental transition responsible for the transmission "step" appearing at wavelengths lower than the ZnO band gap. This effect is coherent with the substitution of Zn by a lighter element (Co).[22] The increase in Co content is also accompanied by a wide absorption band centered at about 600 nm. This absorption band is composed of the superposition of three other bands labeled as arrows. The presence of interference fringes disturbs the position of the centers of the absorption bands. However, when the interference fringes do not appear, the three bands are located at 567, 610, and 654 nm, which are very near to the reported values.[2,3,9] These bands are characteristic of d-d transitions in tetrahedrally coordinated Co^{2+}, which are substituting Zn^{2+} cations.[23] This interpretation supports the former deductions of the structural characterization as well. The observed blue color of the samples is due to these three absorption bands located in the green-red region. Higher Co concentrations imply a more intense blue color in the films.

In order to measure the growth rate of the films, several samples having different deposited electrical charges were prepared from the same bath. The thicknesses of the films were obtained from the interferential fringes of the transmission spectra. Figure 4 shows the thicknesses of the growing thin films as a function of the deposited electrical charge after subtracting the calculated thickness for the FTO layer. A good linearity between the thickness of the films and the deposited electrical charge is observed. A growth rate of 665 nm/C is calculated from the slope of the linear fit, which is slightly lower that that obtained for ternary ZnCdO.[17] Taking into account the density and unit cell volume for ZnO, a theoretical value of 750 nm/C for the m/Q ratio, which is close to the measured value, is calculated.

The magnetic properties of compound $Zn_{0.83}Co_{0.17}O$ under the form of χT vs T (χ being the magnetic susceptibility) is shown in Fig. 5. These values were scaled from the magnetization plot (Fig. 6) where the saturation magnetization was fixed to 3 Bohr magnetons (expected value for a $S=3/2$ with $g=2$). This scaling was applied to the magnetic susceptibility data.

The χT values remain nearly constant at a wide range of temperatures and smoothly decrease at low temperatures. In principle, the slight decrease in χT at low temperatures could be attributed to intermolecular interactions and/or zero-field splitting (zfs) effects. For a d^7 ion in a tetrahedral environment (T_d symmetry group), the ground and the first excited state are $^4A_2$ and $^4T_2$, respectively, arising from the ^4F free

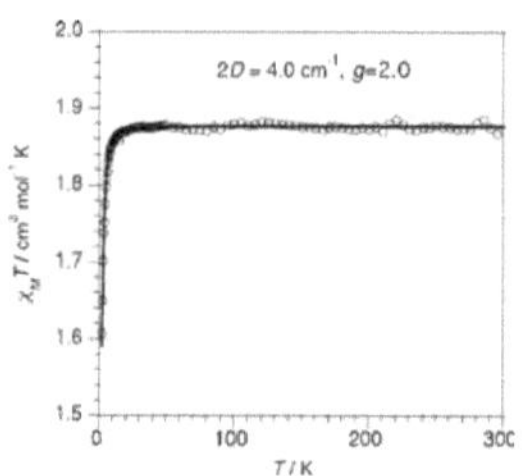

FIG. 5. Thermal dependence of the χT product for $Zn_{0.83}Co_{0.17}O$ sample. The solid line is the best-fit curve through Eq. (2a)–(2c).

ion ground state. The presence of a ligand field component of symmetry lower than cubic can causes the magnetic moment to vary with T as the spin degeneracy of the $^4A_2$ ground state is then lifted. Under a tetragonal distortion (D_2 symmetry group), this state is split into an orbital singlet $^4B_2$ and an orbital doublet ^4E at energies Δ_z and Δ_{xy}, respectively (see Fig. 7). The quartet spin ground state $^4A_2$ is removed by the combined action of the spin-orbit interaction and the tetragonal crystal field leading to two Kramers doublets (zfs).[24,25]

Formally, this behavior can be treated as an $S=3/2$ spin state under the action of the spin Hamiltonian of Eq. (1) where $2D$ represents the splitting into two Kramers doublets in the absence of a magnetic field. In the present notation, positive D values stabilize the $\pm 1/2$ state. The expression of the magnetic susceptibility in Eq. (2a)–(2c) is easily derived from Hamiltonian (1) (the parameters therein involved have their usual meaning)

$$\hat{H} = D[\hat{S}_Z^2 - (1/3)S(S+1)] + g^{\parallel}\beta H\hat{S}_Z + g^{\perp}\beta H[\hat{S}_X + \hat{S}_Y], \quad (1)$$

$$\chi_{\parallel} = \frac{N\beta^2 g_{\parallel}^2}{4kT}\left\{\frac{1+9\exp(-2D/kT)}{1+\exp(-2D/kT)}\right\}, \quad (2a)$$

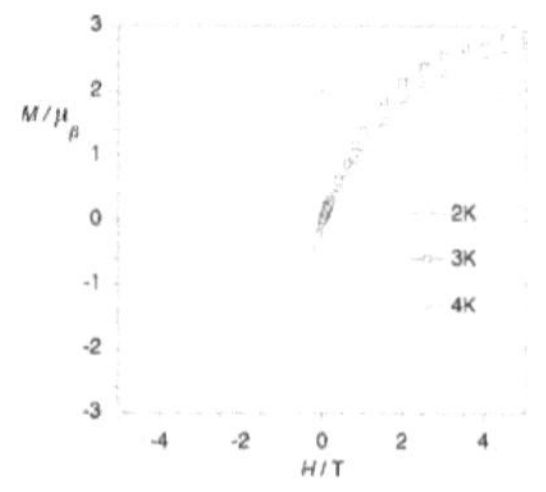

FIG. 6. Isotherms ($2 \leq T \leq 4$) of the magnetization vs H plot for a $Zn_{0.83}Co_{0.17}O$ film.

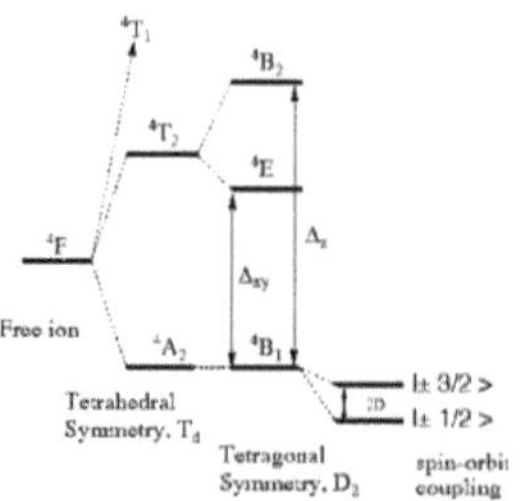

FIG. 7. Scheme of the splitting of energy levels of the ^4F free ion ground state under the influence of crystal symmetries.

$$\chi_{\perp} = \frac{N\beta^2 g_{\perp}^2}{kT}\left\{\frac{1+(3kT/4D)[1-\exp(-2D/kT)]}{1+\exp(-2D/kT)}\right\}, \quad (2b)$$

$$\chi_{av} = \frac{\chi_{\parallel} + 2\chi_{\perp}}{3}. \quad (2c)$$

Least squares fitting of the experimental data through this expression leads to $D=2.0(2)$ cm^{-1}. The good fit achieved indicates that, most likely, the zfs is the responsible factor for the slight decrease in χT and that no significant magnetic interactions between Co(II) centers are present. This fact suggests that the Co(II) ions must be well isolated from each other into the film. The magnetization plot (Fig. 6) also supports the occurrence of a magnetically isolated paramagnetic species. Moreover, measurements of χT performed on films with minor Co content exhibit analogous magnetic behavior.

The paramagnetic behavior displayed by the electrodeposited $Zn_{1-x}Co_xO$ films rejects the existence of isolated CoO, which exhibits an antiferromagnetic behavior,[26] and confirms that Co^{2+} ions are fully incorporated into the ZnO lattice.

IV. CONCLUSION

In conclusion, ternary $Zn_{1-x}Co_xO$ alloy films have been prepared by means of cathodic electrodeposition at low temperature and atmospheric pressure. The concentration of Co is fixed by varying the molar ratio between the $CoCl_2$ and $ZnCl_2$ precursors in the starting bath. The electrodeposited $Zn_{1-x}Co_xO$ films exhibit a wurtzite structure with a preferred orientation in the (002) direction, and no peaks referred to cubic CoO are observed. In the visible spectral range, $Zn_{1-x}Co_xO$ thin films have good transmittance, and the observation of a redshift on the absorption edge as well as the existence of three absorption bands confirms the incorporation of Co in the ZnO lattice. The thickness of the ternary films can be precisely controlled through the amount of deposited electrical charge. The behavior of the product χT vs T suggests the paramagnetic nature of the ternary $Zn_{1-x}Co_xO$

films. This fact is due to a homogeneous distribution of Co(II) ions, which are isolated from each other.

ACKNOWLEDGMENTS

This work was supported by the Spanish Government MEC through Grant No. MAT2006–02279. Thanks are given to the staff of *Servei de Microscopia (UPV)* for their assistance during SEM and EDX measurements.

[1]T. Dietl, H. Ohno, and F. Matsukura, Phys. Rev. B **63**, 195205 (2001).
[2]A. Dinia, J. P. Ayoub, G. Schmerber, E. Beaurepaire, D. Muller, and J. J. Grob, Phys. Lett. A **333**, 152 (2004).
[3]G. L. Liu, Q. Cao, J. X. Deng, P. F. Xing, Y. F. Tian, Y. X. Chen, S. S. Yan, and L. M. Mei, Appl. Phys. Lett. **90**, 052504 (2007).
[4]T. Shi, S. Zhu, Z. Sun, S. Wei, and W. Liu, Appl. Phys. Lett. **90**, 102108 (2007).
[5]Y. Belghazi, G. Schmerber, S. Colis, J. L. Rehspringer, A. Dinia, and A. Berrada, Appl. Phys. Lett. **89**, 122504 (2006).
[6]J. H. Kim, H. Kim, D. Kim, Y. E. Ihm, and W. K. Choo, Physica B (Amsterdam) **327**, 304 (2002).
[7]J. H. Kim, H. Kim, D. Kim, Y. E. Ihm, and W. K. Choo, J. Eur. Ceram. Soc. **24**, 1847 (2004).
[8]S. W. Lim, D. K. Hwang, and J. M. Myoung, Solid State Commun. **125**, 231 (2003).
[9]S. Ramachandran, A. Tiwari, and J. Narayan, Appl. Phys. Lett. **84**, 25 (2004).
[10]H. Ndilimabaka, S. Colis, G. Schmerber, D. Muller, J. J. Grob, L. Gravier, C. Jan, E. Beaurepaire, and A. Dinia, Chem. Phys. Lett. **421**, 184 (2006).
[11]W. Prellier, A. Fouchet, Ch. Simon, and B. Mercey, Mater. Sci. Eng., B **109**, 192 (2004).
[12]K. Samanta, P. Bhattacharya, R. S. Katiyar, W. Iwamoto, P. G. Pagliuso, and C. Rettori, Phys. Rev. B **73**, 245213 (2006).
[13]Th. Pauporté, A. Goux, A. Kahn-Harari, N. De Tacconi, C. R. Chenthamarakshan, K. Rajeshwar, and D. Lincot, J. Phys. Chem. Solids **64**, 1737 (2003).
[14]J. Cembrero, A. Elmanouni, B. Hartiti, M. Mollar, and B. Marí, Thin Solid Films **451–452**, 198 (2004).
[15]B. Marí, F. J. Manjón, M. Mollar, J. Cembrero, and R. Gómez, Appl. Surf. Sci. **252**, 2826 (2005).
[16]H. Ishizaki and N. Yamada, Electrochem. Solid-State Lett. **9**, C178 (2006).
[17]M. Tortosa, M. Mollar, and B. Marí, J. Cryst. Growth **304**, 97 (2007).
[18]D. Gal, G. Hodes, D. Lincot, and H. W. Schock, Thin Solid Films **361–362**, 79 (2000).
[19]R. Jayakrishnan and G. Hodes, Thin Solid Films **440**, 19 (2003).
[20]T. Y. Yoshida, D. Komatsu, N. Shimokawa, and H. Minoura, Thin Solid Films **451–452**, 166 (2004).
[21]D. W. Ma, Z. Z. Ye, J. Y. Huag, L. P. Zhu, B. H. Zhao, and J. H. He, Mater. Sci. Eng., B **111**, 9 (2004).
[22]J. A. Sans, J. F. Sánchez-Royo, J. Pellicer-Porres, A. Segura, E. Guillotel, G. Martinez-Criado, J. Susini, A. Muñoz-Páez, and V. López-Flores, Superlattices Microstruct. **42**, 226 (2007).
[23]P. Koidel, Phys. Rev. B **15**, 2493 (1977).
[24]O. Kahn, *Molecular Magnetism* (VCH, New York, 1993).
[25]N. Durán, W. Clegg, L. Cucurrull-Sánchez, R. A. Coxal, H. R. Jiménez, J. M. Moratal, F. Lloret, and P. González-Durate, Inorg. Chem. **39**, 4821 (2000).
[26]C. M. Sorenson, *Nanoscale Materials in Chemistry*, edited by K. J. Klabunde (Wiley, New York, 2001), Chap. 6, p. 191.

phys. stat. sol. (c) 5, No. 10, 3358–3360 (2008) / DOI 10.1002/pssc.200778857

Cathodic electrodeposition of ZnCoO thin films

M. Tortosa[1], M. Mollar[1], F. J. Manjón[1], B. Marí[*,1], and J. F. Sánchez-Royo[2]

[1] Departament de Física Aplicada-IDF, Universitat Politécnica de València, Camí de Vera s/n., 46022 València, Spain
[2] Departament de Física Aplicada-ICMUV, Universitat de València, c/. Dr. Moliner 50, 46100 Burjassot, València, Spain

Received 8 June 2007, revised 3 April 2008, accepted 4 April 2008
Published online 19 June 2008

PACS 61.05.cp, 68.37.Hk, 68.55.-a, 78.30.Hv, 81.15.Pq, 82.80.Pv

[*] Corresponding author: e-mail bmari@fis.upv.es, Phone: +34 963 875 250, Fax: +34 963 877 189

We report on the characterization of ternary $Zn_{1-x}Co_xO$ alloy crystalline films grown by electrodeposition onto FTO-coated substrates. The $Zn_{1-x}Co_xO$ films have hexagonal wurtzite structure as shown by X-ray diffraction measurements. The Co incorporation into the ZnO lattice is confirmed by the presence of absorption peaks assigned to Co in trigonal crystal field. X-ray photoemission spectroscopy indicates that as-grown films have a considerable concentration of not-fully oxidized metallic Co in the surface that correlates with the O concentration in the surface. Finally, Raman measurements of as-grown films indicate that they are polycrystalline with grains of nanometric size showing short-range order but no long-range order. The Raman spectra show no trace of first-order phonons and resemble the one-and two-phonon density of states of ZnO

1 Introduction Diluted magnetic semiconductors (DMS) have recently received considerable attention due to the complementary properties of semiconductor and ferromagnetic materials. DMS provide both charge and spin degrees of freedom which are promising for spintronic devices. In these devices, both magnetic and transport properties should be coupled to exploit the permanent magnetization for information storage and the high speed of reading of electronic devices in a single device. $Zn_{1-x}Co_xO$ films offer a special interest in advanced spintronic devices because of their magnetic and optical properties [1, 2].

Cathodic electrodeposition has recently emerged as an alternative method for ternary oxide thin film deposition [3-5]. This technique presents some interesting advantages: a) deposition occurs at temperature lower than 100 °C and at atmospheric pressure, b) the film thickness can be directly monitored by the charge consumed during the deposition process, and c) it is a low-cost method. The main drawback is that only conducting substrates can be used.

In this work, we report the characterization of as-grown $Zn_{1-x}Co_xO$ films by X-ray diffraction (XRD), scanning electron microscopy (SEM), X-ray photoelectron spectroscopy (XPS) and Raman scattering spectroscopy (RSS).

2 Experimental details Ternary $Zn_{1-x}Co_xO$ alloy crystalline films have been grown by electrodeposition onto Fluordoped Tin Oxide (FTO)-coated substrates. The electrodeposition procedure consists of a classical three electrode electrochemical cell and a solution containing $ZnCl_2$ and $CoCl_2$, in different concentrations, $KClO_4$ as supporting electrolyte and dissolved oxygen in a Dimethylsulfoxide (DMSO) solution. A potentio/galvanostat was used to keep a constant potential. The film widths can be precisely controlled through the amount of deposited electrical charge. Growth variables have been fixed during the electrodeposition process, potential at -0.9V and temperature at 90 °C.

SEM images were obtained by using a Jeol scanning electron microscope JSM 6300. High-resolution XRD patterns in the θ–2θ configuration were taken using the radiation of a copper anticathode (CuKα, 1.54 Å). The samples prepared were introduced in the analysis XPS chamber for the photoemission measurements. Before the measurements, all samples were cleaned by Ar sputtering. The XPS measurements showed in this work were carried out in an Escalab 210 from VG Scientific by exciting with the Mg-Kα line (1253.6 eV). All spectra have been referred, in energy, to the Fermi level. RSS measurements were per-

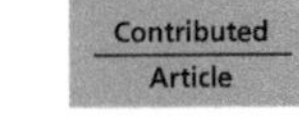

formed in backscattering geometry with a micro-Raman equipment of WITEC GmbH consisting in a confocal microscope attached via optical fibers to a laser working at 532 nm and to a spectrometer with 300 mm focal length coupled to an Andor CCD camera. The resolution of Raman spectra is 4 cm^{-1}. The Raman spectra were collected from the optimum focal plane which was found by sweeping the z with nanometric positioning system placed under the confocal microscope. The excitation laser intensity was kept below 2 mW in order to avoid thermal damage to the samples.

3 Results and discussion Figure 1 shows the XRD pattern of the as-grown $Zn_{1-x}Co_xO$ films for different nominal Co concentrations. It can be observed that the films with low Co concentration up to 10% grow with a strong orientation along the (002) direction. Above 10% Co concentration the growth along the (101), (102) and (103) directions is observed and for samples with 20% Co preferential orientation of the films is found along the (101) direction. No signal of diffracted X-rays from ZnO was found for films with nominal Co concentration above 30%.

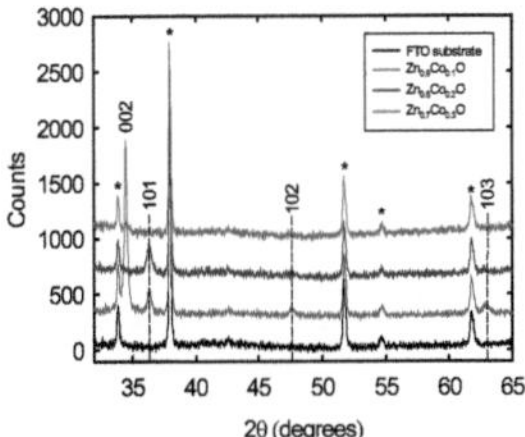

Figure 1 XRD θ −2θ scan diagram of $Zn_{1-x}Co_xO$ films for different nominal Co concentrations. Peaks belonging to the FTO are marked with an asterisk.

Figure 2 shows a SEM micrograph of one of the $Zn_{1-x}Co_xO$ films. It can be observed that the image shows a rather uniform and homogeneous surface similar to other samples obtained by electrodeposition from DMSO solutions [4]. This result is in agreement with the good transparency of the films found by optical absorption measurements observing transmittances higher than 90% [5].

Figure 2 SEM image of a $Zn_{1-x}Co_xO$ film.

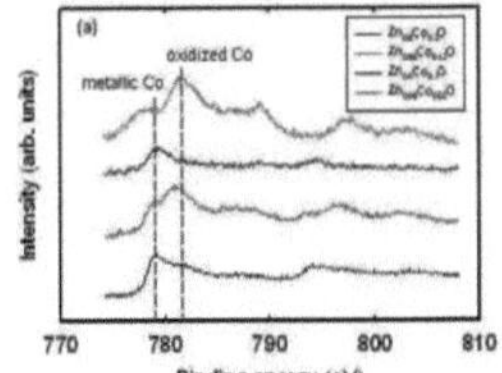

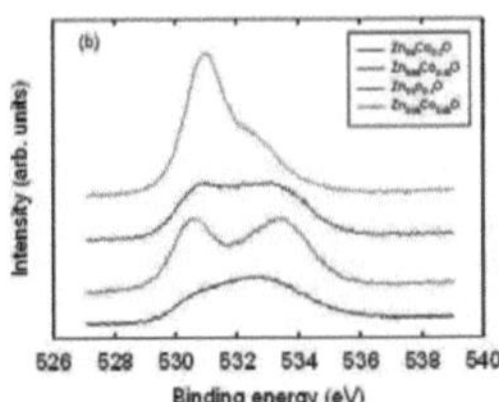

Figure 3 XPS spectra of $Zn_{1-x}Co_xO$ films for several nominal Co concentrations: (a) Co 2p zone; (b) O 1s zone.

Figure 3 shows the XPS spectra the as-grown $Zn_{1-x}Co_xO$ films for different Co concentrations. In Fig. 3(a) we show the signal of electrons from the Co 2p level of the different samples studied. We find that the spin-orbit doublet structure of Co at 781 and 797 eV is accompanied by two satellite bands at slightly higher binding energies. Besides, there is a band at lower binding energy (779 eV). The doublet structure and its sidebands are commonly attributed to oxidized Co incorporated into the ZnO structure in a Co^{2+} configuration [6]. However, the band at 779 eV

can be attributed to metallic Co present in the surface that it is not oxidized and therefore not incorporated into the ZnO structure. Figure 3(b) shows the signal of electrons from the O 1s level of the different samples studied. It can be observed that there are two overlapping bands. The band at 530.5 eV is attributed to O incorporated in the ZnO lattice while the band at 533 eV can be attributed to O adsorbed in the sample surface. It can be observed that the peak with 530.5 eV binding energy has a higher intensity in the samples with 2.5 and 12% Co concentration, which correspond to these showing the higher concentration of oxidized Co in the surface. Therefore, we can conclude that the presence of metallic Co in the surface of the as-grown $Zn_{1-x}Co_xO$ films is likely due to the smaller supply of O or the smaller incorporation of O during the film deposition procedure.

Figure 4 shows the Raman spectrum measured in backscattering geometry in as-grown $Zn_{1-x}Co_xO$ film with a nominal 12% Co concentration. The Raman spectrum of a ZnO single crystal and the *ab initio* calculated one-phonon density of states of ZnO [7] are also plotted for comparison. One can observe that he Raman spectrum of the film show broad bands that do not correspond to those of the main first-order phonons observed in the single crystal. Note that even the E_2(high) mode near 440 cm^{-1}, which has the highest intensity, is absent in the Raman spectrum of the film. However, the experimental spectrum shows bands that are very similar to those presented in the calculated one-phonon density of states. Furthermore, other bands observed in the experimental spectrum of the film can be attributed to multiphonon bands that correspond mainly to the two-phonon density of states [7]. This result indicates that our $Zn_{1-x}Co_xO$ films are either composed of wurtzite nanocrystalline islands that grow mainly along the wurtzite c axis showing short-range order inside the island but not having long-range order, or they have so many defects that the long-range order is completely lost. The absence of long-range order prevents that the Raman selection rules are obeyed and so there is a lack of first-order phonons in the experimental Raman spectrum. Furthermore, the lack of selection rules for Raman scattering allows that the full spectrum of phonons is observed and this explains the similarity of some observed bands with those present in the calculated one-phonon density of states.

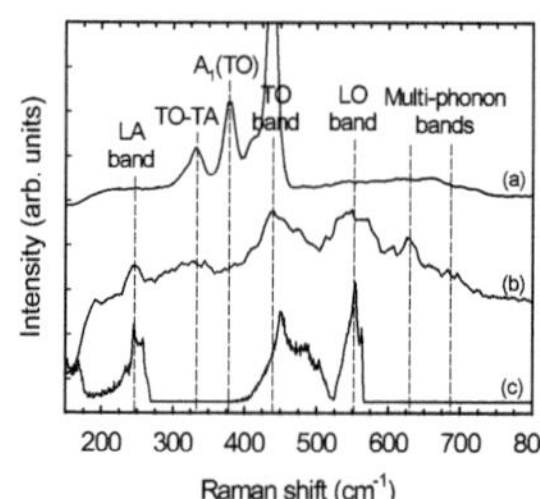

Figure 4 (a) Raman spectrum of a single crystal, (b) Raman spectrum of the $Zn_{1-x}Co_xO$ film with nominal 12% Co concentration, and (c) *ab initio* calculated one-phonon density of states.

4 Conclusions We have succeeded in preparing ternary $Zn_{1-x}Co_xO$ DMS films by cathodic electrodeposition at low temperature and at atmospheric pressure. The films exhibit wurtzite structure with a preferred orientation along the (002) direction for small Co concentration and along the (101) direction for Co concentration above 10%. All films have blue-green color with a transmittance above 90% in the visible spectral range. EDX measurements show that the samples have a real Co concentration that increases linearly with the nominal Co concentration but slightly below the nominal one. SEM measurements indicate that the surface of the films is relatively flat with no appreciable structures. XPS measurements show that the films have considerable amount of non-oxidized metallic Co at the surface and that this is related to the defect of O at the surface. Raman measurements show that the films either have a lot of defects or are formed by nanometer-sized unconnected islands that exhibit short-range order but no long-range order. Both explanations are consistent with the high resistivity of the as-grown DMS films.

Acknowledgements This work was supported by Spanish Government MEC through grant MAT2006-02279 and the Generalitat Valenciana (Project GV06/151). The authors thank WITEC Gmbh for providing us the Raman spectra of the ZnO single crystal and ZnCoO films.

References

[1] T. Dietl, H. Ohno, and F. Matsukura, Phys. Rev. B **63**, 195205 (2001).
[2] A. Dinia, J. P. Ayoub, G. Schmerber, E. Beaurepaire, D. Muller, and J. J. Grob, Phys. Lett. A **333**, 152 (2004).
[3] H. Ishizaki and N. Yamada, Electrochem. Solid-State Lett. **9**, C178 (2006).
[4] M. Tortosa, M. Mollar, and B. Marí, J. Cryst. Growth **304**, 97 (2007).
[5] B. Marí, J. Cembrero, M. Mollar, and M. Tortosa, phys. stat. sol. (c) **5**, 555 (2008).
[6] A. C. Tuan, J. D. Bryan, A. B. Pakhomov, V. Shutthanandan, S. Thevuthasan, D. E. McCready, D. Gaspar, M. H. Engelhard, J. W. Rogers, Jr., K. Krishnan, D. R. Gamelin, and S. A. Chambers, Phys. Rev. B **70**, 054424 (2004).
[7] J. Serrano, A. H. Romero, F. J. Manjón, R. Lauck, M. Cardona, and A. Rubio, Phys. Rev. B **69**, 094306 (2004).

phys. stat. sol. (c) **5**, No. 11, 3467–3470 (2008) / **DOI** 10.1002/pssc.200779433

current topics in solid state physics

Synthesis and structural studies of Diluted Magnetic Semiconductors by electrodeposition

M. Tortosa, M. Mollar, and B. Marí[*]

Departament de Física Aplicada-IDF, Universitat Politècnica de València, Camí de Vera s/n, 46022 València, Spain

Received 16 October 2007, revised 22 February 2008, accepted 3 March 2008
Published online 27 August 2008

PACS 61.05.cp, 68.55.-a, 75.50.Pp, 78.66.Li, 82.45.Qr

[*] Corresponding author: e-mail bmari@fis.upv.es, Phone: +34 963 877 525, Fax: +34 963 877 189

Because of the emerging interest in spintronics, the possibility to obtain diluted magnetic semiconductors (DMS) by means of electrodeposition has been tested. In this work, we report on the preparation and characterization of ternary $Zn_{1-x}Co_xO$ and $Zn_{1-x}Mn_xO$ alloy crystalline films grown by electrodeposition onto conductive substrates and using DMSO as solvent. The final composition of the films is controlled through the Co/Zn and Mn/Zn ratio present in the starting solution. Electrodeposited ternary $Zn_{1-x}Co_xO$ and $Zn_{1-x}Mn_xO$ films were characterized of by X-ray Diffraction (XRD), Energy Dispersive Spectroscopy (EDS) and optical spectroscopy. EDS results confirm the existence of Co and Mn ions into the films. All films exhibit a hexagonal wurtzite structure mainly oriented in the (002) direction. The incorporation of Co and Mn atoms into the ZnO lattice is confirmed by the presence of Co- and Mn-related absorption bands.

1 Introduction Spintronics is attracting great attention since the discovery of giant magneto-resistance in magnetic multilayers. Spintronic devices combine the advantages of magnetic materials and semiconductors and are expected to be non-volatile, versatile, fast and capable of simultaneous data storage and processing, while at the same time, consuming less energy. Among the different classes of material systems the diluted magnetic semiconductors (DMS) have received much attention because of the great advantage of integrating with conventional semiconductor materials and devices and the challenge is to increase their Curie temperatures for room temperature operation [1, 2].

In this work, we explore the possibility of using the electrodeposition technique as an effective method for obtaining magnetic ternary oxide thin films. This technique presents some interesting advantages such as the deposition occurs at low temperature and at atmospheric pressure, it is a low-cost method with requires only simple apparatus and the film thickness can be directly monitored by the charge consumed during the deposition process. The unique restriction is that conducting substrates must be used [3, 4]. On the other hand, it has been demonstrated recently the possibility to use electrodeposition for obtaining ternary ZnO-related oxides [5-7]. For some oxides, such as ZnO and the magnetic materials derived from it ($Zn_{1-x}Co_xO$ and $Zn_{1-x}Mn_xO$), the compound is directly electrodeposited in a crystalline form and present high crystal quality. In this work, $Zn_{1-x}M_xO$ (M=Co, Mn) thin films were synthesized by the cathodic electrodeposition technique and the influence of Co and Mn contents on the structural and optical characterizations of $Zn_{1-x}Co_xO$ and $Zn_{1-x}Mn_xO$ thin films are discussed and compared in detail. As well, the characterization of as-grown $Zn_{1-x}Co_xO$ and $Zn_{1-x}Mn_xO$ films by X-ray diffraction (XRD) and Energy Dispersive Spectroscopy (EDS) are reported.

2 Experimental Ternary $Zn_{1-x}Co_xO$ and $Zn_{1-x}Mn_xO$ alloy crystalline films have been grown by electrodeposition onto ITO and FTO-coated glass substrates. Basically, the electrodeposition procedure consists of a classical three electrode electrochemical cell and a solution containing $ZnCl_2$ (with a fixed concentration concretely 25 mM) and $CoCl_2$ or $MnCl_2$ in different concentrations, $KClO_4$ as supporting electrolyte and dissolved oxygen in a DMSO solution. A potentio/galvanostat is used to keep a constant potential (V = -0.9 V). Conductive covered substrates set up as working electrodes were located near the referential cathode at approximately 1 cm. Substrates were initially

cleaned by rinsing with acetone followed by distilled water and dried. The temperature was fixed at 90° C during the electrodeposition procedure. Three growth variables have been controlled during the electrodeposition process: potential, temperature and deposited charge. The amount of the deposited electrical charge leads to an accurate control of the film thicknesses [6]. In order to prepare ternary films with different compositions (variation of x in $Zn_{1-x}Co_xO$ and $Zn_{1-x}Mn_xO$) the amount of Co and Mn in the starting bath is controlled through the ratio Co/Zn and Mn/Zn respectively.

Quantitative elemental analysis was obtained by using the EDS facility of a scanning electron microscopy JSM 6300. For structural characterization, high-resolution X-ray diffraction in the θ-2θ configuration with a copper anticathode (CuKα, 1.54 Å) was used. Optical properties were monitored by transmittance using a Xe lamp in association with a 550 mm Yvon–Jobin Triax spectrophotometer using a back-thinned CCD detector (Hammamatsu) optimized for the UV–VIS range.

3 Results and discussion The samples obtained, presents a high transparency and homogeneity at first sight, ZnCoO films show a blue-green colour while ZnMnO films are lightly yellow-brown. Figure 1 shows the EDS results where the peaks corresponding to Mn and Co are clearly observed. This fact let us to confirm the presence of these elements in the deposited films.

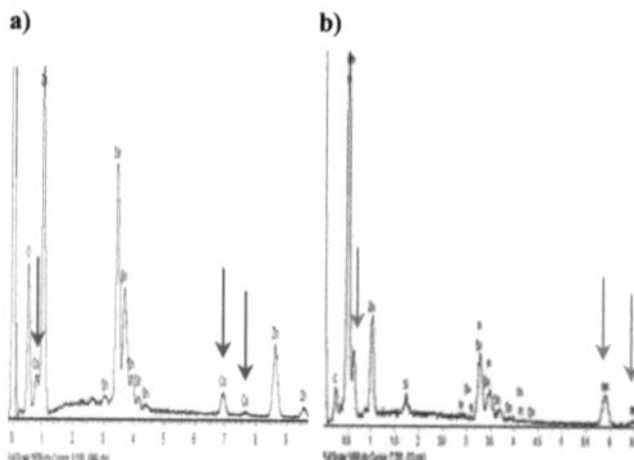

Figure 1 EDS spectra of ternary electrodeposited films: a) ZnCoO and b) ZnMnO. Arrows indicate the peaks corresponding to Co and Mn ions.

After having been confirmed the elements deposited in the films, a study of the relation between the initial concentration of the M^{2+} (M^{2+}= Mn^{2+} and Co^{2+}) and the final stequiometry of the $Zn_{1-x}M_xO$ films were made. Figure 2 shows the dependence between the initial ion concentrations ($[M^{2+}]/[Zn^{2+}]$) and the final M^{2+} content for both ions, Co and Mn. As can be seen, there is a difference between both ternary compounds. Even for the lowest Co concentration, the final amount of Co in ZnCoO compounds exhibits a good linearity with the amount of Co present in the starting bath, while for ZnMnO the linear dependence onset after an initial concentration of 35% for the Mn^{2+}/Zn^{2+} ratio. This fact means that higher initial concentration of Mn/Zn than Co/Zn is needed to obtain the same final composition of the ternary ZnMnO.

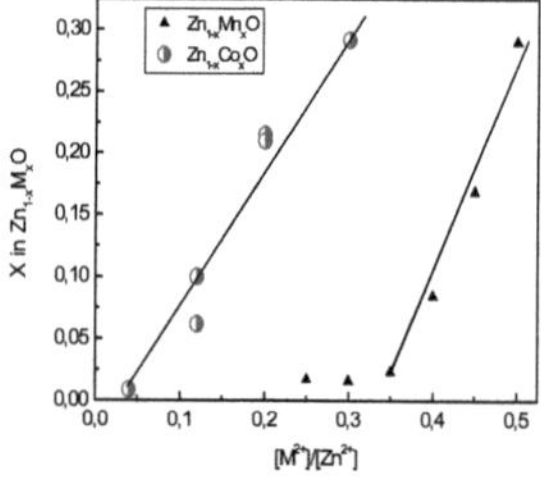

Figure 2 Dependence of the final content of M^{2+} (M=Co, Mn) in the ternary compounds with the Co^{2+}/Zn^{2+} and Mn^{2+}/Zn^{2+} ratio present in the starting bath.

At it is shown in Fig. 3, the X-ray diffraction pattern of four electrodeposited $Zn_{1-x}Co_xO$ and $Zn_{1-x}Mn_xO$ samples with different film compositions. XRD data reveal a good crystallinity of the films. The diffraction peaks located at 34.42 and 36.25 degree correspond to the (002) and (101) directions respectively of the ZnO hexagonal wurtzite structure. The other peaks, marked with stars, correspond to the different substrates used (FTO and ITO respectively). The pattern associated with the electrodeposited layers are identical to that of ZnO with a preferred growth orientation along the (002) direction. It can be observed that the intensity of the (002) peak reaches a maximum for the $Zn_{0.92}Co_{0.08}O$ and $Zn_{0.99}Mn_{0.01}O$ compositions, diminishes when increasing M^{2+} concentrations and tends to disappear for the highest M^{2+}. The (101) peak is less intense than the (002) and also tends to disappear for the highest M^{2+} concentrations. This behaviour suggests that the ternary films preferentially growth following the (002) ZnO direction and an augment in the concentration of the third element (M) tends to break the crystallinity of the films.

However, as can be seen in Fig. 3b, low increases of the Mn concentration in $Zn_{1-x}Mn_xO$ films leads a shift of the (002) peak to higher angles which indicates that the actual ZnO lattice is being deformed due to the presence of higher quantity of Mn atoms. It means that the ZnO-

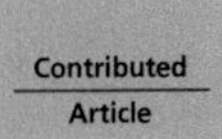

wurtzite structure is continuously altered and tends to disappear. For Mn concentration higher than 10% the crystallinity of the deposited layers is absent. In this case, very small grain size crystals or amorphous species can not be excluded.

For the case of ZnCoO films Co concentration higher than 10% produces such a drastic reduction of the intensity of the 002 peak that any shift can not be appreciated. Besides, in ZnCdO ternary compounds no shift in the position of the 002 diffraction peak was observed and this fact has been explained by other authors [8]. These authors conclude that: a) the c-axis parameter (which is related to the 002 peak position) remains unaltered when increasing the Cd content and b) the observed increase of the unit-cell volume owing to the Cd-related deformation only affects the perpendicular direction to the c-axis. This effect has already been verified by our own work in ternary ZnCdO [6] and could be also the responsible of the shift lack in the 002 diffraction peak for ZnCoO.

The absence of peaks corresponding to binary Co- or Mn-oxides indicates that no detectable amounts of these binary oxides are present and hence Co and Mn atoms should be fully incorporated into the ZnO lattice [9].

Magnetic measurements bring an additional argument. ZnCoO samples exhibit a paramagnetic behaviour what reveals that Co-ions are isolated each from others. This is only possible if they are incorporated in the lattice and not in any other cobalt oxides which imply neighbouring Co-ions. This is accomplished for all the ZnCoO samples studied here.

Figure 4 presents the optical transmission spectra corresponding to both ternary compounds, ZnCoO and ZnMnO. Both sets of films exhibit high transmittance in the visible region which is an usual feature of ZnO and related oxides grown by electrodeposition using DMSO as solvent. Figure 4a shows a set of optical transmission spectra corresponding to $Zn_{1-x}Co_xO$ thin films (x = 0.06 and 0.17) compared with a ZnO sample used as reference. The interference fringes, which are consequence of the exceptional smoothness of these films, are evident. The fundamental absorption edge, which is very sharp for the ZnO sample, becomes deformed and shifts to the red as the Co content increases. This is interpreted as due to the *sp-d* exchange interaction between band electrons and localized d electrons of Co^{2+} in Zn sites [10].

A wide absorption band centred at about 600 nm is observed with the increment of Co content. This absorption band is composed by the superposition of other three bands labelled with arrows. Subtracting the interference fringes, three bands located at 567, 610 and 654 nm, are observed, which is very close to reported values [2, 11-13]. These absorption bands are originated by *d-d* transitions of high spin states Co^{2+} [13, 14] and they are attributed to be charge-transfer transitions between donor and acceptor ionization levels.

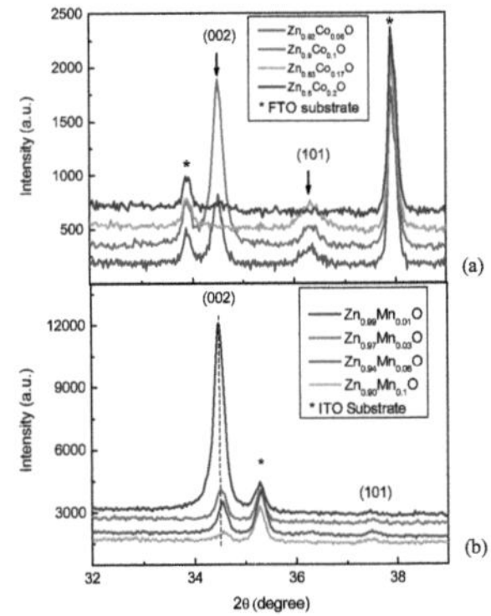

Figure 3 a) XRD θ–2θ scan diagram of $Zn_{1-x}Co_xO$ films for different nominal Co concentrations. b) XRD θ–2θ scan diagram of $Zn_{1-x}Mn_xO$ films for different nominal Mn concentrations. Peaks belonging to the substrate are marked with an asterisk.

Figure 4b shows the optical transmission spectra corresponding to $Zn_{1-x}Mn_xO$ thin films (x=0.01 and 0.74). The interference fringes are evident too in these samples because of the parallelism of both layer surfaces. Comparing with ZnO, the absorption edge of ternaries $Zn_{1-x}Mn_xO$ shifts towards lower wavelengths when the Mn^{2+} content increases up to concentrations of 6%. This indicates that the band gap of the ZnO (3.27eV) increases with the doping concentration of Mn^{2+} due to the exchange interaction between the band electrons and localized spin of the transition-metal ions [15, 16]. Additionally a broad absorption band beginning at 400 nm is observed for ZnMnO films are attributed to the d-d transitions in tetrahedrally coordinated Mn^{2+} substituting Zn^{2+}cations [15, 16]. The loose of transmittance in the visible is the responsible of the brown colour observed in ZnMnO films.

For the highest Mn concentrations in the ZnMnO films (36 and 74%), the ZnO absorption edge in not longer observed. Such an elevated amount of Mn atoms neither allows maintaining the wurtzite ZnO structure nor the ZnO absorption edge. In this case mixed oxides are likely to coexist in the films.

It is worthy to point out how electrodeposition lets to vary continuously the Mn content in the Zn-Mn-O system

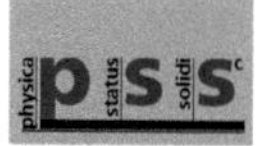

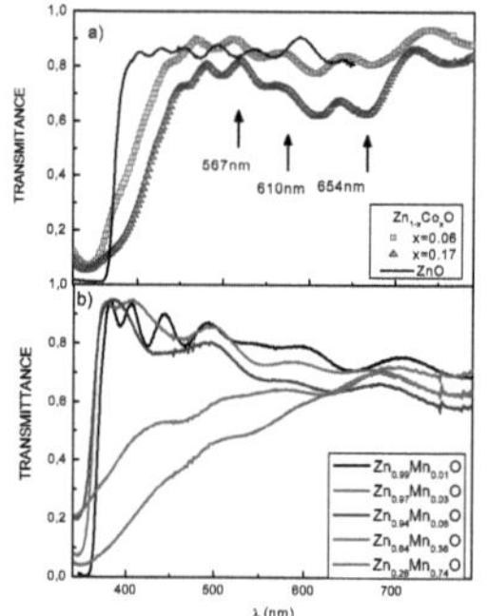

Figure 4 Transmittance spectra for different concentrations of Co and Mn in a) $Zn_{1-x}Co_xO$ and b) $Zn_{1-x}Mn_xO$ films.

(between 0 and 1) and in contrast, in the Zn-Co-O system the Co concentration saturates at about 20%.

4 Conclusion $Zn_{1-x}Co_xO$ and $Zn_{1-x}Mn_xO$ ternary films have been obtained by cathodic electrodeposition at low temperature and at atmospheric pressure. The films are quite homogeneous and very transparent with blue-greened colors for the Co-compounds and yellow-brown for the Mn-compounds. XRD spectra confirm the ZnO wurtzite structure with a preferred orientation along the (002) direction in both ternary compounds. The increase of Mn^{2+} and Co^{2+} content in the ternary films implies the deformation of the ZnO lattice. No crystalline forms of Co and Mn binary oxides were detected. For Co and Mn concentrations higher than roughly 10% the wurtzite structure of ZnO is no longer maintained and the presence of mixed oxides can not be excluded. In both ternary compounds the shift in the absorption edge is due to the sp-d transitions while the absorption bands observed are interpreted in the framework of d-d transitions. These results let us to confirm the incorporation of the Mn^{2+} and Co^{2+} ions in the ZnO lattice.

Acknowledgements This work was supported by Spanish Government MEC through grant MAT2006-02279.

References

[1] T. Dietl, H. Ohno, and F. Matsukura, Phys. Rev. B **63**, 195205 (2001).

[2] A. Dinia, J. P. Ayoub, G. Schmerber, E. Beaurepaire, D. Muller, and J. J. Grob, Phys. Lett. A **333**, 152 (2004).

[3] R. K. Pandey, S. N. Sahu, and S. Chandra, Handbook of Semiconductor Electrodeposition (Marcel Dekker, New York, 1996).

[4] D. Gal, G. Hodes, D. Lincot, and H. W. Schock, Thin Solid Films **361**, 79 (2000).

[5] H. Ishizaki and N. Yamada, Electrochem. Solid State Lett. **9**, C178 (2006).

[6] M. Tortosa, M. Mollar, and B. Marí, J. Cryst. Growth **304**, 97 (2007).

[7] B. Marí, J. Cembrero, M. Mollar, and M. Tortosa, phys. stat. sol. (c) **5**, 555 (2008).

[8] J. Zuñiga et al., J. Appl. Phys. **99**, 1 (2006).

[9] J. H. Kim, H. Kim, D. Kim, Y. E. Ihm, and W. K. Choo, J. Europ. Ceram. Soc. **24**, 1847 (2004).

[10] D.W. Ma, Z. Z. Ye, J. Y. Huag, L. P. Zhu, B. H. Zhao, and J. H. He, Mater. Sci. Eng. B **111**, 9 (2004).

[11] G. L. Liu, Q. Cao, J. X. Deng, P. F. Xing, Y. F. Tian, Y. X. Chen, S. S. Yan, and L. M. Mei, Appl. Phys. Lett. **90**, 052504 (2007).

[12] S. Ramachandran, A. Tiwari, and J. Narayan, Appl. Phys. Lett. **84**, 25 (2004).

[13] S.-W Lim, D.-K. Hwang, and J.-M. Myoung, Solid State Commun. **125**, 231 (2003).

[14] P. Koidel, Phys . Rev. B **15**, 2493 (1977).

[15] S. K. Mandal and T. K. Nath, Thin Solid Films **515**, 2535 (2006).

[16] A. I. Savchuk, V. I. Fediv, S. A. Savchuk, and A. Perrone, Superlattices Microstruct. **38**, 421 (2005).

current topics in solid state physics

Optical properties of zinc oxide-based ternary compounds synthesized by electrodeposition

B. Marí[1], J. Cembrero[2], M. Mollar[1], and M. Tortosa[1]

[1] Departament de Física Aplicada, Universitat Politècnica de València, Camí de Vera s/n, 46022 València, Spain

[2] Departament d'Enginyeria Mecànica i Materials, Universitat Politècnica de València, Camí de Vera s/n, 46022 València, Spain

Received 2 May 2007, accepted 5 September 2007
Published online 13 December 2007

PACS 61.05.cp, 68.37.Hk, 68.55.J-, 78.55.Et, 81.15.Pq

Structure, morphology and optical properties of ZnO thin films grown by electrodeposition under different conditions changing both solvent (water or dimethylsulfoxide) and substrate (polycrystalline FTO or monocrystalline GaN) are reported. The results point out the advantage of using dimethylsulfoxide when uniform, oriented and highly transparent films are required. On the other hand electrodeposition in aqueous bath produces perfectly defined hexagonal ZnO columns which can be fully oriented by chosing a suitable substrate. Photoluminescence has only been observed for ZnO films grown in aqueous bath. Ternary compounds as ZnMO (M=Cd, Co, Mn) with a controlled ratio between both cations, and morphology and structure like binary ZnO can be easily obtained from dimethylsulfoxide.

phys. stat. sol. (c) **5**, No. 2, 555–558 (2008) / **DOI** 10.1002/pssc.200776840

phys. stat. sol. (c) 5, No. 2, 555–558 (2008) / DOI 10.1002/pssc.200776840

Optical properties of zinc oxide-based ternary compounds synthesized by electrodeposition

B. Marí[*,1], J. Cembrero[2], M. Mollar[1], and M. Tortosa[1]

[1] Departament de Física Aplicada, Universitat Politècnica de València, Camí de Vera s/n, 46022 València, Spain
[2] Departament d'Enginyeria Mecànica i Materials, Universitat Politècnica de València, Camí de Vera s/n, 46022 València, Spain

Received 2 May 2007, accepted 5 September 2007
Published online 13 December 2007

PACS 61.05.cp, 68.37.Hk, 68.55.J-, 78.55.Et, 81.15.Pq

[*] Corresponding author: e-mail bmari@fis.upv.es

Structure, morphology and optical properties of ZnO thin films grown by electrodeposition under different conditions changing both solvent (water or dimethylsulfoxide) and substrate (polycrystalline FTO or monocrystalline GaN) are reported. The results point out the advantage of using dimethylsulfoxide when uniform, oriented and highly transparent films are required. On the other hand electrodeposition in aqueous bath produces perfectly defined hexagonal ZnO columns which can be fully oriented by chosing a suitable substrate. Photoluminescence has only been observed for ZnO films grown in aqueous bath. Ternary compounds as ZnMO (M=Cd, Co, Mn) with a controlled ratio between both cations, and morphology and structure like binary ZnO can be easily obtained from dimethylsulfoxide.

1 Introduction ZnO has attracted much attention for its potential use as emitter in optoelectronic devices due to its wide band gap (3.37 eV at room temperature) and large exciton binding energy (60 meV) [1]. Furthermore, in photovoltaic applications, ZnO is also well suited to be used as conducting and transparent optical windows in photovoltaic solar cells because it satisfies the requirements for conductivity and transparency needed for this application [2]. Also, ternary ZnO alloy compounds have presently found great potential applications. ZnCdO is a suitable material to be used as Transparent Conducting Oxide (TCO) due to its good transmittance [3, 4] as well as in emitting devices owing to the possibility to shift the band gap to the visible region by changing the ratio between Zn and Cd cations which open the door to new emitting devices. On the other hand, ZnCoO is a promising material for application in spintronic devices [5].

Wet processes such as electrodeposition have emerged recently as alternative candidates for oxide thin film deposition [6, 7]. This technique presents some interesting advantages: a) deposition occurs at low temperature and at atmospheric pressure avoiding diffusion between adjacent layers, b) film thickness can be directly monitored through the charge consumed during the deposition process, and finally, c) it is a low-cost method requiring only simple apparatus. However, only conducting substrates can be used.

In this paper we report on the morphology, orientation and optical properties of ZnO samples grown by electrodeposition under different conditions. Depending on the substrate and solvent used (water (aq) or dimethilsulfoxide (DMSO)), very thin films or well aligned nanocolumns have been grown by electrodeposition. The optical properties of these materials are also dependent on their morphology. Several examples evidencing the influence of the morphology on the transmittance and photoluminescence of zinc oxide related material will be presented in this paper. The suitability of DMSO to be used as solvent for electrodeposition of ternary alloys such as ZnMO (M=Cd, Co, Mn) is shown.

2 Experimental details For the ZnO layers deposition, two different electrodeposition procedures were employed. The electrodeposition set up consists on a three electrode electrochemical cell and a solution containing 25 mM $ZnCl_2$, 0.1 M $KClO_4$ or KCl as supporting electrolyte and oxygen dissolved in DMSO or H_2O solution [3, 4]. Conductive covered substrates set up as working electrode were located near the referential cathode at approximately 1cm. Substrates were initially cleaned by rinsing with ace-

tone followed by distilled water and dried. The potentiostatic method (constant potential, V = -0.9 V) was used for deposition. During electrodeposition the temperature was maintained at 90 °C in a thermostatic bath. After deposition, the films were subsequently rinsed with distilled water or pure DMSO and acetone. Two different conductive substrates were used: glass coated with F-doped polycrystalline SnO_2 (FTO) and sapphire coated with a layer of GaN:Si.

Scanning electron microscopy (SEM) images and quantitative elemental analysis were obtained by using a JSM 6300. For structural characterization, a high-resolution X-ray diffraction in the θ-2θ configuration with a copper anticathode (CuKα, 1.54 Å) was used. Optical properties were monitored by transmittance using a Xe lamp in association with a 550 mm Yvon–Jobin Triax-550 spectrophotometer using a back-thinned CCD detector (Hammamatsu) optimized for the UV–VIS range.

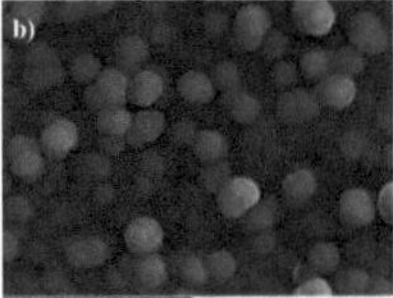

Figure 1 SEM micrographs of two electrodeposited ZnO layers by using two different electrolytic solvents (a) water solution, (b) DMSO solution.

3 Results and discussion Figure 1 shows the SEM micrographs of two electrodeposited ZnO samples carried out with two different solvents: water and DMSO. Aqueous solvent produces perfectly defined columns in their hexagonal structure mainly orientated in the c-axis (a). Sample growth from DMSO (b) has lower roughness and it is not possible to identify defined columns like in aqueous deposition. This suggests that the DMSO solution favours the deposition of a more continuous film where columns can not be appreciated. The DMSO solution favours the formation of stable clusters of critical nuclei during the growth of the films in the polycrystalline substrates developing a larger number of nucleation centres which give rise to smoother surface layers [8]. The continuity of the films also results in higher layer conductivities. These different morphologies reflect in different transmittance and reflectance spectra. Columnar morphology increases the diffuse reflectivity and consequently the transmittance diminishes while smoothness augments the transmittance.

The substrate conditions the structure too. Figure 2 shows two views of ZnO columns obtained from aqueous bath on a wurtzite structure substrate like GaN. The GaN layer is a conductive and continuous film covering a sapphire substrate. ZnO columns grown in these conditions become perfectly oriented and the columnar structure grew perpendicular to the surface as a kind of heteroepitaxy replicating the hexagonal structure of their substrate [9]. So, the overall growth of the electrodeposited ZnO is strongly influenced by the crystallographic character of the substrate as well as by the solvent used which clearly affects the distribution of the starting nucleation.

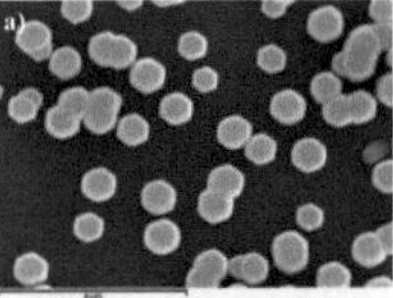

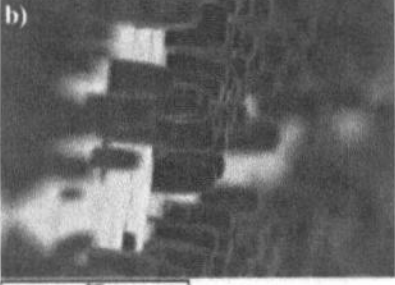

Figure 2 Electron micrograph of different plane views of ZnO hexagonal columns deposited onto an orientated GaN substrate from an aqueous solution. a) Top view. b) Lateral view. Columns are about 1500 nm height with hexagonal bases of 350 nm in side.

XRD spectra confirm the structure orientation of ZnO films illustrated by the SEM micrographs in Fig. 1. Figure 3(a) shows the XRD spectra of two ZnO films grown on polycrystalline FTO substrates. In the XRD spectrum obtained from aqueous solvent, the highest intensity peak corresponds to the 002 preferred orientation but other peaks corresponding to different orientation of a wurtzite structure are also present. However, the XRD spectrum of a ZnO layer electrodeposited from DMSO solvent only exhibit the 002 direction. Figure 3(b) shows the XRD spec-

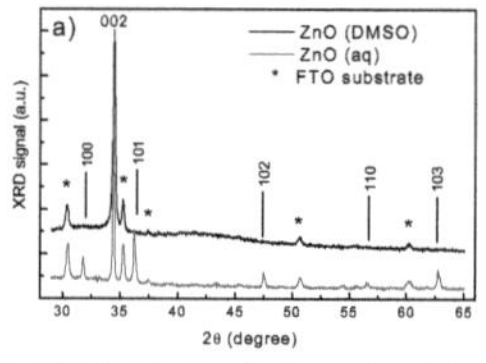

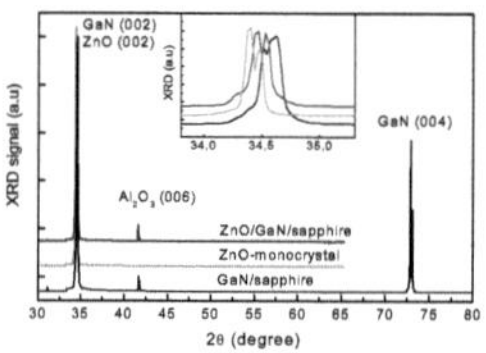

Figure 3 (a) XRD diagram of two ZnO layers deposited on FTO covered glass from aqueous and DMSO solvents respectively. (b) XRD spectrum of a ZnO layer deposited on GaN from aqueous bath compared with that of GaN/sapphire substrate and a commercially available ZnO monocrystal c-axis oriented.

trum of the ZnO layer grown on GaN corresponding to the SEM micrographs shown in Fig. 2. As expected, only the 002 direction is observed. For comparison two XRD spectra corresponding to the GaN/sapphire substrate and a monocrystal of ZnO oriented in the 002 direction are also shown. The inset shows the features of the 002 peak in detail.

Concerning optical properties, Fig. 4(a) shows the photoluminescence of a ZnO (aq) film at different temperatures. In the UV region the PL emission is due to excitons and reveals the presence of the free exciton (FE), two LO-phonon replica and the bound exciton (BE). The features exhibited by the PL spectra indicate good crystal quality [10]. Dotted line follows the temperature evolution of the PL peak due to the free exciton which is the responsible of the room temperature PL signal. There was no PL emission in samples obtained from DMSO. This is usually related to the presence of non radiative defects probably due to tensions originated from mismatched parameters between substrate and film.

Regarding ternary compounds such as $Zn_{1-x}M_xO$ we have to succeed to introduce three different cations (M=Cd, Co and Mn) in the ZnO lattice. Ternary films maintain the wurtzite structure of the host ZnO up to certain concentrations of M. Transmittance spectra are also depending on the new guest cations introduced in the lattice which usually possess their own absorption features. Transmittance of different ZnMO samples appear in Fig. 4(b) compared with ZnO (DMSO). At first sight electrodeposits of ZnO from DMSO are more transparent than those obtained from water due to the absence of scattered light in the sides of the columns. The graph shows that the transmittance for ZnCdO layer is higher than for ZnO which in turn is also higher than the commercial FTO substrate. It suggests that the deposited film is smoother than the previous substrate or in other words, the deposited material growths covering the relief of the substrate making a more uniform film. In consequence, the new layer is more transparent than the first one. Absorption due to Co and Mn in the lattice of ZnO is evident in the transmittance spectra. The fundamental absorption edge is deformed and the typical Co and Mn absorption bands appear in the visible range of the electromagnetic spectrum.

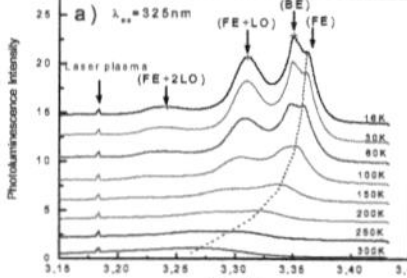

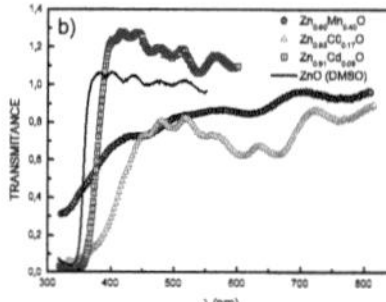

Figure 4 (a) PL spectra measured at different temperatures for a ZnO layer deposited in water solution. (b) Transmitance spectra of several ternary ZnMO samples (M=Cd, Co, Mn) compared with two ZnO films.

4 Conclusion Electrodeposits of ZnO layers with different morphologies were obtained by using two solvents, water and DMSO. The morphology of electrodeposited ZnO depends on the interaction of the solvent with the solid substrate. Electrodeposition from aqueous bath results in ZnO films with perfectly defined hexagonal columns which may be well oriented by using an ordered substrate. ZnO films obtained from DMSO exhibit an excellent continuity and smoothness which reflects in higher transmittances. Photoluminescence is only observed when ZnO is grown under a columnar morphology. Ternary alloys as $Zn_{1-x}M_xO$ (M=Cd, Co, Mn) can be easily synthesized by dissolving both cations in the electrolytic DMSO bath. The amount of M in the ternary alloy film depends on the initial ratio between M and Zn cations dissolved in the starting bath. $Zn_{1-x}M_xO$ thin films synthesized by electrodeposition maintain the morphology and structure of the ZnO host up to concentrations depending on the nature of the guest cation. Optical characteristics are highly dependent on the concentration and nature of the guest cation.

Acknowledgements This work has been supported by Spanish Government MEC under grant MAT2006-02279.

References

[1] Y. Chen, D. Bagnall, and T. Yao, Mater. Sci. Eng. B **75**, 190 (2000).
[2] E. Fortunato, D. Ginley, H. Hosono, and D. C. Paine, MRS Bull. **32**, 242 (2007).
[3] D. Gal, G. Hodes, D. Lincot, and H. W. Schock, Thin Solid Films **361**, 79 (2000).
[4] M. Tortosa, M. Mollar, and B. Marí, J. Cryst. Growth **304**, 97 (2007).
[5] A. Dinia, J. P. Ayoub, G. Schmerber, E. Beaurepaire, D. Muller, and J. J. Grob, Phys. Lett. A **333**, 152 (2004).
[6] Th. Pauporté, A. Goux, A. Kahn-Harari, N. De Tacconi, C. R. Chenthamarakshan, K. Rajeshwar, and D. Lincot, J. Phys. Chem. Solids, **64**, 1737 (2003).
[7] J. Cembrero, A. Elmanouni, B. Hartiti, M. Mollar, and B. Marí, Thin Solid Films **451/452**, 198 (2004).
[8] R. K. Pandey, S. N. Sahu, and S. Chandra, Handbook of Semiconductor Electrodeposition (Marcel Dekker, New York, 1996), chap. 3.
[9] T. Pauporté, D. Lincot, B. Viana, and F. Pellé, Appl. Phys. Lett. **89**, 233112 (2006).
[10] B. Marí, F. J. Manjón, M. Mollar, J. Cembrero, and R. Gómez, Appl. Surf. Sci. **252**, 2826 (2006).

Microelectronics Journal 40 (2009) 268–271

Contents lists available at ScienceDirect

Microelectronics Journal

journal homepage: www.elsevier.com/locate/mejo

Effect of annealing on $Zn_{1-x}Co_xO$ thin films prepared by electrodeposition

A. El Manouni [a,b], M. Tortosa [a], F.J. Manjón [a], M. Mollar [a], B. Marí [a,*], J.F. Sánchez-Royo [c]

[a] Departament de Física Aplicada—ETSED, Universitat Politècnica de València, Camí de Vera, s/n, 46022 València, Spain
[b] Departament de Physique, Faculté des Sciences et Techniques, Université Hassan II, Mohammedia, Morocco
[c] Departament de Física Aplicada—ICMUV, Universitat de València, C/Dr. Moliner 50, 46100 Burjassot, València, Spain

ARTICLE INFO

Available online 20 September 2008

Keywords:
Diluted magnetic semiconductors
Zinc oxide
Electrodeposition

ABSTRACT

Polycrystalline thin films of $Zn_{1-x}Co_xO$ with different cobalt (Co) content were grown on indium tin oxide (ITO) substrates by cathodic electrodeposition technique and subsequently annealed in air at 400 °C. The effect of annealing in their structural, optical and chemical properties has been characterized by X-ray diffraction (XRD), energy-dispersive spectroscopy (EDS), X-ray photoelectron spectroscopy (XPS), Raman scattering and optical spectroscopy. Our measurements indicate that moderate annealing increases the crystal quality of the films. The films are highly transparent in the visible range and evidence an increase of the band gap and of the intensity of three typical Co absorption bands in the visible with the amount of Co. Thermal annealing produces an increase of the intensity of the Co^{2+}-related absorption bands revealing that higher amount of Co atoms are occupying Zn sites.

1. Introduction

Diluted magnetic semiconductors (DMSs) have attracted much interest in recent years due to combining semiconductors physics and magnetic material properties. Offering the possibility to manipulate both the spin and charge degrees of freedom, DMSs are potential candidates for technological applications in the field of spin-dependent semiconductor electronics called spintronics including, spin transistors, microwave devices and ultra dense nonvolatile semiconductor memories [1–3]. Recent theoretical and practical investigations suggest that wide band gap semiconductors, such as II–VI compounds, are the most promising candidates for developing DMSs with high Curie temperatures [2,4]. Therefore, numerous experimental groups have made a considerable effort in trying to grow ZnO doped with suitable 3d magnetic transition metals (TM), such as Co^{2+}, Mn^{2+}, Fe^{2+}, Ni^{2+}, etc., substituting a Zn cation site in the ZnO lattice [5,6]. The coupling of localised d electrons of the TM with the semiconducting band gap leads to a number of exciting properties as magneto-optical and magneto-electrical effects [7,8]. These properties are very sensitive to the shape of the samples and to the preparation method.

Numerous techniques are actually performed to prepare ternary $Zn_{1-x}Co_xO$ thin films: molecular beam epitaxy [9], radio-frequency magnetron sputtering [10], sol–gel process [11], pulsed laser deposition [12] and cathodic electrodeposition [13]. Among these techniques, the last one presents many advantages: (i) the deposition is realized at low temperature and at atmospheric pressure; (ii) it requires a simple low cost apparatus; and (iii) the film thickness can be controlled by the charge consumed during the deposition process. Besides ZnCoO, the electrodeposition technique is suitable for synthesizing other ZnO-related compounds such as ZnCdO [14] and ZnMnO [15].

In this paper, we report on the effect of annealing in air atmosphere at 400 °C on the structural and optical properties of $Zn_{1-x}Co_xO$ thin films prepared by means of cathodic electrodeposition technique on glass covered with ITO as a substrate. X-ray diffraction (XRD), energy dispersive spectroscopy (EDS), X-ray photoelectron spectroscopy (XPS), Raman scattering and optical transmittance have been used in order to characterize the electrodeposited $Zn_{1-x}Co_xO$ thin films at room temperature after the corresponding annealing process.

2. Experimental

The experimental setup used to prepare $Zn_{1-x}Co_xO$ thin films with thicknesses ranging from 520 to 850 nm by cathodic electrodeposition technique consists of a computer-controlled potentiostat/galvanostat and a classical three-electrode electrochemical cell filled with a solution containing 0.1 M $KClO_4$ as supporting electrolyte and dissolved oxygen in a DMSO solution. Zn and Co chlorides were used as precursors: $ZnCl_2$ 25 mM and $CoCl_2$ in different concentrations. A glass coated with indium tin oxide (ITO) substrate with sheet resistance of 10 Ω/square,

* Corresponding author.
E-mail address: bmari@fis.upv.es (B. Marí).

0026-2692/$ - see front matter © 2008 Elsevier Ltd. All rights reserved.
doi:10.1016/j.mejo.2008.07.062

previously cleaned in an ultrasonic acetone bath during 15 min and then rinsed in distilled water and dried, was the working electrode. Pt and Ag/AgCl electrodes were used as counter electrode and reference electrode, respectively. The deposition potential was fixed at −0.9 V and the solution temperature was maintained at 90 °C by a thermostat. Transparent thin films with smooth surfaces are obtained when using DMSO in contrast with the nanocolumnar structure appearing when water is used as solvent [16]. After deposition, the films were rinsed with DMSO and distilled water and subsequently annealed at 400 °C in air during 1 h.

The structural characterization was done by high-resolution XRD using a Bruker diffractometer through θ–2θ scans with copper anticathode (CuKα, 1.54 Å). The chemical composition was determined by EDS and XPS. XPS measurements were performed in an Escalab 210 using the Mg Kα line. All the spectra have been referred to the Fermi level. Previous to XPS measurements, samples were introduced in the analysis chamber and sputtered by using an Ar^+ gun for 15 min, in order to clean the surface. Additional structural and chemical characterization is provided by Raman scattering measurements performed with a Jobin Yvon T64000 triple spectrometer coupled to a liquid N_2 cooled CCD camera. Finally, optical transmittance measurements were performed by means of a coupled deuterium–halogen lamp in association with a 500 mm Jobin Yvon HR-460 spectrometer coupled to a back-thinned CCD detector optimised for the UV–vis range.

3. Results and discussion

The initial cation [Co]/[Zn] ratio present in the starting solution and the final Co content in the solid $Zn_{1-x}Co_xO$ films as obtained from EDS are summarized in Table 1. According to EDS the Co amount in the solid films ranges from 0% to 17%.

Table 1
Initial cations ratio [Co]/[Zn] present in the starting electrolyte and final Co content in the solid ZnCoO film as measured by EDS

Initial ratio [Co]/[Zn] in the starting liquid solution	Final Co content (x in $Zn_{1-x}Co_xO$)
0.00	0.00
0.04	0.01
0.10	0.07
0.12	0.08
0.20	0.17

The XRD pattern of electrodeposited $Zn_{1-x}Co_xO$ films keeps the typical ZnO wurtzite structure mainly oriented in the 002 direction. Increasing the Co content produces a gradual deformation of the wurtzite structure as already reported [13]. No changes in the XRD spectra are observed after thermal annealing at 400 °C.

The XPS spectra of Co 2p and O 1s levels of the $Zn_{1-x}Co_xO$ thin films annealed at 400 °C with different Co concentrations are shown in Fig. 1. The Co $2p_{3/2}$ and Co $2p_{1/2}$ peaks are localised at binding energies 781 and 797 eV, respectively, and correspond to oxidized Co (see Fig. 1(a)). No feature is observed at 779 and 794 eV, where the metallic Co peaks were located in as-grown samples [13,17]. Metallic Co has been also observed in $Zn_{1-x}Co_xO$ films prepared under reducing atmosphere [18]. When Co exists as a metal cluster the energy difference between Co $2p_{3/2}$ and Co $2p_{1/2}$ peaks is 15.05 eV [19], however, in our samples this difference is varying from 15.84 to 15.11 eV for x values going from 0.009 to 0.17. This result excludes the formation of a Co metal cluster in our annealed $Zn_{1-x}Co_xO$ thin films despite the existence of Co in a Co^{2+} oxidation state as reported in different works [20,21]. Satellite peaks also appear at about 787 and 803 eV (see Fig. 1(a)) and it originate from the charge-transfer band structure characteristic of the 3d TM monoxides [22]. The calculated differences between the main peaks and the corresponding satellites further lead to conclude that Co ions are in a tetrahedral crystal field surrounded by oxygen atoms and have a chemical valence of the 2^+ state [23]. Fig. 1(b) shows the signal of electrons from the O 1s level. The spectra are asymmetric and it can be deconvoluted into two mean peaks O1 and O2 localised at about 530.8 and 533 eV, respectively. O2 peak is attributed to the presence of hydrated oxide species like OH [24], while O1 peak is due to the ZnO crystal lattice oxygen [25]. The hydrophilic character of zinc oxide might be at the origin of the O2 peak.

It can also seen in Fig. 1(a) and (b) that, as Co content increases, the Co 2p and the O1 peak rigidly shift towards lower binding energy values by 0.4 eV. This shift has been also observed for the Zn 2p peak (not shown). These facts indicate that films tend to be more intrinsic with doping, which would suggest that Co doping introduces energy levels into the ZnO band gap that captures free carriers. This is in agreement with the low conductivity exhibited by ternary ZnCoO.

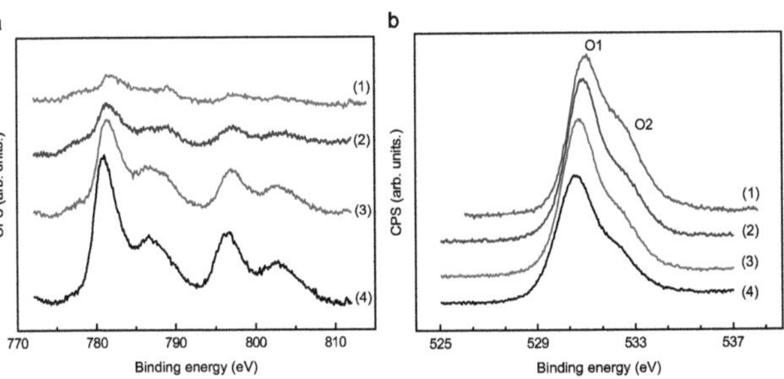

Fig. 1. XPS spectra of $Zn_{1-x}Co_xO$ films annealed at 400 °C for different Co contents: (a) Co 2p region, (b) O 1s region. (1) $x = 0.01$; (2) $x = 0.07$; (3) $x = 0.08$; (4) $x = 0.17$.

Fig. 2 shows the Raman spectra measured in backscattering geometry in the annealed $Zn_{1-x}Co_xO$ thin films with different Co concentrations ($x = 0.01$, 0.08 and 0.17). For the sample doped with Co concentration $x = 0.01$, the Raman spectrum shows a resolved peak centred around 436 cm^{-1} corresponding to E_2(high) mode in ZnO and some broad bands near 245, 320, 540, 570 and 630 cm^{-1} which correspond to LA band, TO–TA mode, TA+TO mode, LO band, and TA+LO mode in ZnO, respectively [26]. The observation of the E_2(high) mode, previously not observed in as-grown samples indicates that the crystalline quality of the ZnO film is increasing with annealing. As the Co content in $Zn_{1-x}Co_xO$ increases, the E_2(high) peak intensity decreases quickly what indicates that the wurtzite lattice is not properly crystallized even under thermal annealing for the larger Co concentrations. When x increases to 0.17, the Raman spectrum is completely different and exhibits no signal of the wurtzite structure of ZnO due to the strong deformation of the wurtzite lattice due to Co doping. This result is coherent with the lack of any wurtzite diffraction peaks in samples with high Co content [13].

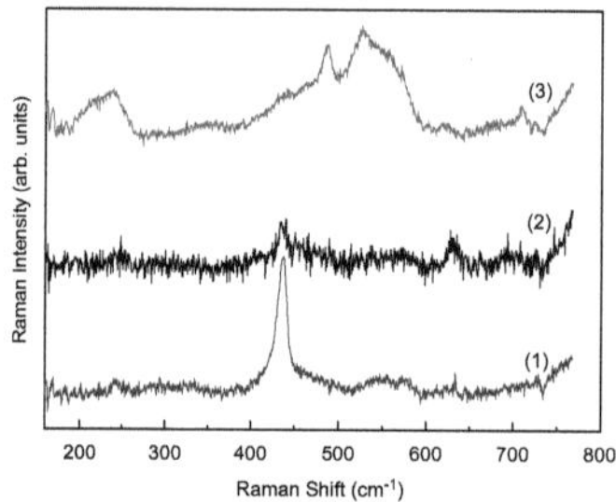

Fig. 2. Raman spectra for several $Zn_{1-x}Co_xO$ samples annealed at 400 °C with different Co content. (1) $x = 0.01$; (2) $x = 0.08$; (3) $x = 0.17$.

Fig. 3 (a) shows optical transmittance spectra of $Zn_{1-x}Co_xO$ thin films with different Co concentrations annealed in air at 400 °C. The optical transmittance spectra of an undoped and annealed ZnO thin film are shown for comparison. All films exhibit a high transparency in the visible range. It can be seen that the spectrum of ZnO sample is characteristic of pure ZnO phase with an absorption edge observed at 3.43 eV that corresponds to the band gap edge E_g for crystalline ZnO. As the Co concentration increases the fundamental absorption edge becomes deformed. A similar trend with increasing Co concentration in $Zn_{1-x}Co_xO$ synthetized by PLD has already been reported [27] and explained as due to sp–d exchange interactions between band electrons and the localised d electrons of the Co^{2+} ions substituting Zn^{2+} [28,29]. Three characteristic optical absorption peaks in the visible range labelled as (1), (2) and (3) in Fig. 3(a) can also be observed. These peaks are assigned as due to d–d electronic transitions of high spin state of Co^{2+} involving crystal-field split $3d^7$ levels in tetrahedrally-coordinated Co^{2+} ions substituting Zn^{2+} ions. The internal transitions around 568, 615 and 660 nm are attributed to $^4A_2(F)\rightarrow{}^2A_1(G)$, $^4A_2(F)\rightarrow{}^4T_1(P)$ and $^4A_2(F)\rightarrow{}^2E(G)$ transitions, respectively [28,30,31].

Comparing with the transmission spectra of the as-grown samples the main difference observed in the annealed samples is an increase of the intensity of the three absorption bands located in the visible. Fig. 3(b) shows a detail of the absorbance of the Co-related absorption bands for a typical $Zn_{1-x}Co_xO$ sample before and after annealing. The intensity of these Co-related absorption bands increasing with the annealing provides evidence that the excess of metallic Co detected by XPS in the surface of the as-grown $Zn_{1-x}Co_xO$ films is now occupying a Zn site in the ZnO wurtzite structure.

4. Conclusion

Ternary $Zn_{1-x}Co_xO$ thin films with Co concentrations from 1% to 17% have been grown by cathodic electrodeposition technique at low temperature and atmospheric pressure on ITO/glass substrate. EDS confirms the presence of Zn, Co and O in both

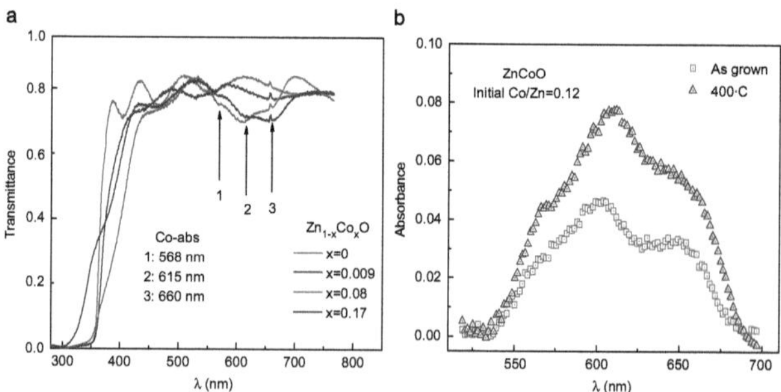

Fig. 3. Optical transmittance spectra of $Zn_{1-x}Co_xO$ thin films for different Co concentrations, (a) annealed at 400 °C, (b) details of the absorption bands due to tetrahedrally coordinated Co^{2+}.

as-grown and annealed samples. In general, the films annealed in air atmosphere at 400 °C show an improvement of the crystal quality as shown by Raman measurements. In these samples, XPS and optical transmission spectroscopies confirm the incorporation of Co^{2+} cations in substitution sites of Zn^{2+} in wurtzite structure of ZnO. For films with Co concentration above 10%, the XPS spectra prove that metallic Co and O adsorbed in the surface of the as-grown films disappear with moderate annealing. Finally, the increase of the intensity of the absorption bands related to tetrahedrally-coordinated Co^{2+} in $Zn_{1-x}Co_xO$ films reveal that the metallic Co detected in the surface of the films before the annealing are now occupying Zn sites.

Acknowledgement

This work was supported by Spanish Government through MEC Grant MAT2006-02279 and AECI Grant A/5461/06.

References

[1] W. Prellier, A. Fouchet, B. Mercy, J. Phys. Cond. Matter 15 (2003) R1583.
[2] S.A. Wolf, D.D. Awschalom, R.A. Buhrman, J.M. Daughton, S. Von Molmar, M.L. Roukers, A.Y. Chtchelkanova, D.M. Treger, Science 294 (2001) 1488.
[3] K. Takamura, F. Matsukura, D. Chiba, H. Hono, Appl. Phys. Lett. 81 (2002) 2590.
[4] T. Dietel, H. Ohno, F. Matsukura, J. Cibert, D. Ferrand, Science 287 (2000) 1019.
[5] Y.M. Cho, W.K. Shoo, H. Kim, D. Kim, Y.E. Ihm, Appl. Phys. Lett. 80 (2002) 3358.
[6] S.J. Han, J.W. Song, C.-H. Yang, S.H. Park, Y.H. Jeong, K.W. Rhie, Appl. Phys. Lett. 81 (2002) 4212.
[7] J. Hong, R.Q. Wu, J. Appl. Phys. 79 (2005) 063911.
[8] B. Martinez, F. Sandiumenge, L.I. Balcells, J. Arbiol, F. Sibiende, C. Monty, Phys. Rev. B 72 (2005) 165202.
[9] G.L. Liu, Q. Cao, J.X. Deng, P.F. Xing, Y.F. Tian, Y.X. Chen, S.S. Yan, L.M. Mei, Appl. Phys. Lett. 90 (2007) 052504.
[10] S.W. Lim, D.K. Hwang, J.M. Myoung, Solid State Commun. 125 (2003) 231.
[11] T. Shi, S. Zhu, Z. Sun, S. Wei, W. Liu, Appl. Phys. Lett. 90 (2007) 102108.
[12] W. Prellier, A. Fouchet, Ch. Simon, B. Mercey, Mater. Sci. Eng. B 109 (2004) 192.
[13] M. Tortosa, M. Mollar, F.J. Manjón, B. Marí, J.F. Sanchez-Royo, Phys. Status Solidi (c) 5 (2008) 3358.
[14] M. Tortosa, M. Mollar, B. Marí, J. Cryst. Growth 304 (2007) 97.
[15] B. Marí, J. Cembrero, M. Mollar, M. Tortosa, Phys. Status Solidi (c) 5 (2008) 555.
[16] J. Cembrero, A. Elmanouni, B. Hartiti, M. Mollar, B. Marí, Thin Solid Films 451–452 (2004) 198.
[17] D. Gallant, M. Pezolet, S. Simard, J. Phys. Chem. B 110 (2006) 6871.
[18] H.-J. Lee, C.H. Park, S.Y. Jeong, Appl. Phys. Lett. 88 (2006) 062504.
[19] Y.S. Kim, Y.D. Ko, W.P. Tai, J. Electroceram. 17 (2006) 235.
[20] C.D. Wagner, W.M. Riggs, L.E. Davis, J.F. Moulder, in: G.E. Mulenberg (Ed.), Handbook of X-ray Photoelectron Spectroscopy, Perkin-Elmer Co., 1979, p. 78.
[21] H.-J. Lee, S.Y. Jeong, C.R. Cho, C.H. Park, Appl. Phys. Lett. 81 (2002) 4020.
[22] G.A. Garson, M.H. Nassir, M.A. Langell, J. Vac. Sci. Technol. A 14 (1996) 1637.
[23] Z.J. Yin, N.F. Chen, C.L.L. Chai, F. Yang, J. Appl. Phys. 96 (2004) 5093.
[24] S.B. Majumder, M. Jain, P.S. Dobal, R.S. Katiyar, Mat. Sci. Eng. B 103 (2003) 16.
[25] B. Mutel, A. Ben Taleb, O. Dessaux, P. Goudmand, L. Gengembre, J. Grimblot, Thin Solid Film 266 (1995) 119.
[26] J. Serrano, A.H. Romero, F.J. Manjón, R. Lauck, M. Cardona, A. Rubio, Phys. Rev. B 69 (2004) 094306.
[27] J.A. Sans, J.F. Sánchez-Royo, J. Pellicer-Porres, A. Segura, E. Guillotel, G. Martínez-Criado, J. Susini, A. Muñoz-Paez, V. López-Flóres, Superlattices Microst. 42 (2007) 226.
[28] P. Koidl, Phys. Rev B 15 (1977) 2493.
[29] K. Ando, H. Saito, Z. Jin, T. Fukumura, M. Kawazaki, Y. Matsumoto, H. Koinuma, J. Appl. Phys. 89 (2001) 7284.
[30] Y.S. Kim, Y.D. Ko, W.-P. Tai, J. Electroceram. 17 (2006) 235.
[31] M. Bouloudenine, N. Viart, S. Colis, J. Kortusa, A. Dinia, Appl. Phys. Lett. 87 (2005) 052501.

Microelectronics Journal 40 (2009) 276–279

Contents lists available at ScienceDirect

Microelectronics Journal

journal homepage: www.elsevier.com/locate/mejo

Electrodepositing $Zn_xMn_yO_z$ alloys from zinc oxide to manganese oxide

M. Mollar, M. Tortosa, R. Casasús, B. Marí *

Departament de Física Aplicada-Institut de Fabricació, Universitat Politècnica de València, Camí de Vera s/n, 46022 València, Spain

ARTICLE INFO

Available online 19 September 2008

Keywords:
Diluted magnetic semiconductors
Electrodeposition
Zinc oxide
$Zn_{1-x}Mn_xO$
Mn_3O_4
Ternary oxide thin film

ABSTRACT

Electrodeposition has emerged as a practical and simple method to synthesise semiconductor materials under different forms, thin films or nanostructured layers. This work reports on the cathodic electrodeposition of ZnMnO thin layers using both zinc and manganese chlorides as precursors. The composition of thin films can be varied from binary zinc oxide to manganese oxide varying the Mn/(Mn+Zn) ratio between 0 and 1. The composition of $Zn_xMn_yO_z$ films was obtained by energy dispersive spectroscopy. $Zn_{1-x}Mn_xO$ films with Mn/Zn ratio less than 10% exhibit a crystalline wurtzite structure typical of ZnO fully oriented in the (0 0 2) direction. Higher Mn content leads to deformation of the ZnO lattice and the wurtzite structure is no longer maintained. X-ray photoelectron spectroscopy points out that Mn_3O_4 tends to be deposited when a high Mn/Zn ratio is used in the starting solution. Magnetic measurements on films with Mn/(Zn+Mn) ratio near 1 reveal magnetic characteristics similar to Mn_3O_4 compounds. The transmission spectra of $Zn_xMn_yO_z$ show the typical absorption edge of crystalline ZnO while the wurtzite structure is maintained and it shifts to higher wavelengths when Mn content increases.

1. Introduction

Diluted magnetic semiconductors (DMS) are semiconducting films, the lattice of which has been modified by substitutional magnetic ions. There are several aspects that make DMS very attractive for investigations. Varying the concentration of incorporated transition metal in the host matrix, the semiconducting properties of these films can be changed, and it is possible to tune the bandgap. Also, magnetic properties of DMS encompass very broad spectrum behaviour, including paramagnetic, spin-glass and antiferromagnetic properties [1,2].

Preparation of zinc oxide by electrodeposition is a well-established technique able to produce good crystalline materials under different morphologies [3–6] and recently different papers related to the synthesis of ternary zinc-related compounds (ZnCoO, ZnMgO and ZnCdO) have appeared in the literature confirming that electrodeposition is an alternative method for ternary oxide thin film deposition [7–9].

Besides the common advantages of electrochemical techniques such as the low temperatures (90 °C) and atmospheric pressure deposition, the technique has the following characteristics: direct monitoring of film thicknesses through the charge consumed during the process, low-cost equipment required and friendliness with the environment. Further electrodeposition allows to change the initial Mn molar ratio, making possible the synthesis of a variety of ternary compounds from ZnO to Mn_3O_4.

This paper deals with synthesis of ternary $Zn_xMn_yO_z$ thin films with Mn molar ratio Mn/(Mn+Zn) ranging between 0 and 1. Energy dispersive spectroscopy (EDS) has been used for measuring the Mn/Zn ratio in solid films. The crystalline structure of thin films has been obtained by X-ray diffraction (XRD). Optical and magnetic measurements have also been performed to characterize electrodeposited thin films.

2. Experimental details

The electrodeposition set-up consists of a three electrode electrochemical cell and a solution containing 25 mM $ZnCl_2$ (A.C.S. Reagent Merck), different concentrations of $MnCl_2$ (98% A.C.S. Reagent Aldrich), 0.1 M $KClO_4$ (A.C.S. Panreac) as supporting electrolyte and dissolved oxygen in a DMSO (>99.9% A.C.S. Reagent Aldrich) solution [9–11]. The solution was saturated with molecular oxygen by maintaining a slight O_2 bubbling in the solution during the deposition process. The bath was maintained at a constant temperature by means of a thermostat. Glass slides of about 1×2 cm coated with polycrystalline indium tin oxide (ITO) with sheet resistances of 10 Ω/square were used as substrates. Substrates, previously cleaned by rinsing with acetone followed by distilled water and dried, were set up as working electrodes located near the referential cathode. Potentiostatic deposition was employed by means of a potentio/galvanostat to

* Corresponding author.
E-mail address: bmari@fis.upv.es (B. Marí).

0026-2692/$ - see front matter © 2008 Elsevier Ltd. All rights reserved.
doi:10.1016/j.mejo.2008.07.052

maintain a constant potential during the deposition. After deposition, films were subsequently rinsed with pure DMSO and distilled water.

Films of $Zn_xMn_yO_z$ were deposited at a constant potential of −0.9 V from a dissolution containing both Mn^{2+} and Zn^{2+} precursor species in a DMSO bath at 90 °C. The Mn^{2+}/Zn^{2+} atomic ratio in the starting bath was varied by changing the molar ratio between the two precursors, $MnCl_2$ and $ZnCl_2$. Films deposited onto the glass substrates are transparent and become brown coloured when the Mn/Zn ratio in the starting bath is augmented. Thin films about 700 and 350 nm thick were obtained by depositing an electric charge of 1 and 0.5 C, respectively, onto the substrates.

Quantitative elemental analysis was obtained by using a Jeol-JSM 6300. The structural properties of these films were characterized by XRD. XRD patterns in the θ–2θ configuration were performed using radiation of a copper anticathode (Cu Kα, 1.54 Å). Optical properties were monitored by transmittance using an Xe lamp in association with a 500 mm Yvon–Jobin HR460 spectrometer using a back-thinned CCD detector (Hammamatsu) optimized for the UV–VIS range. Magnetic susceptibility measurements (2.0–300 K) were carried out with a Quantum Design SQUID magnetometer. The magnetic susceptibility was measured under an applied magnetic field of 100 G between 2 and 50 K. The magnetic data of the sample were corrected for the substrate as well as for the zinc oxide diamagnetism. The Mn/Zn ratio present in the chemical composition of the $Zn_xMn_yO_z$ thin films was obtained from the energy dispersive X-ray (EDX) spectroscopy.

3. Results and discussion

Quantitative results of the manganese/zinc ratio in the solid films are calculated from the area of the spectral K lines corresponding to both Mn and Zn in the EDX spectra. Fig. 1 shows the Mn/(Mn+Zn) molar fraction present in the solid films as a function of Mn/(Mn+Zn) molar fraction contained in the starting dissolution. The Mn/(Mn+Zn) ratio in the ternary films has been found to vary between 0 and 1 and ratio allows us to synthesize ternary $Zn_xMn_yO_z$ films covering all the range between zinc oxide to manganese oxide. This is not always achievable when dealing with other cations such as Cd [9]. The Mn molar fraction in the solid film as a function of the Mn molar fraction in the liquid follows a sigmoid curve. Three regions are clearly distinguished, in the region of small Mn concentration in the liquid the Mn content in the solid increases slightly. An abrupt change is observed when the initial Mn/Zn ratio reaches a value of about 0.45 (Mn/(Mn+Zn) = 0.33), the slope of the curve increases until the Mn/Zn ratio attains a value of 0.8 ((Mn/(Mn+Zn) = 0.6) and for higher concentrations of Mn slope smoothens again.

Great homogeneity in the chemical composition of the films has been observed by EDS. The atomic distribution of Mn and Zn is constant across the films irrespective of the Mn content which indicates that the presence of Mn clusters is unlikely. This is a general trend for ternary compounds synthesized by electrodeposition [7,9].

Fig. 2 shows the XRD spectra of several $Zn_xMn_yO_z$ films with different Mn/Zn ratios. The intense diffraction peak located at 34.4° correspond to the (0 0 2) peak of the ZnO hexagonal wurtzite structure. The other peaks, marked with stars, correspond to the ITO substrate. The pattern associated with the electrodeposited layers is identical to that of ZnO with an exclusive growth orientation along the (0 0 2) direction.

Intensity of the (0 0 2) peak decreases continuously as Mn amount in the solid film is increased and it is no longer present in films synthesized from liquid baths with Mn/Zn higher than 0.45. Further, as can be seen in the inset of Fig. 2, the rise in Mn concentration in solid films leads to a shift of the (0 0 2) peak to higher angles, which indicates that the actual ZnO lattice is being deformed due to the presence of higher quantity of Mn atoms[7]. This behaviour allows us to conclude that a layer of the form $Zn_{1-x}Mn_xO$ is formed by electrodeposition from bathes with low Mn content. These ternary $Zn_{1-x}Mn_xO$ thin films crystallize in the wurtzite structure of ZnO, growth exclusively follows the (0 0 2) direction and the augment in concentration of Mn in wurtzite ZnO lattice results in a deformation of the lattice. The hexagonal wurtzite structure exhibited by samples with low Mn concentration tends to disappear when increasing the Mn amount in the solid films as a result of the continuous deformation undergone by the crystal structure due to the incorporation of Mn. Neither peaks corresponding to ZnO wurtzite structure nor other crystalline phases are observed for Mn molar ratio higher than 10%, which suggests that after further increase of

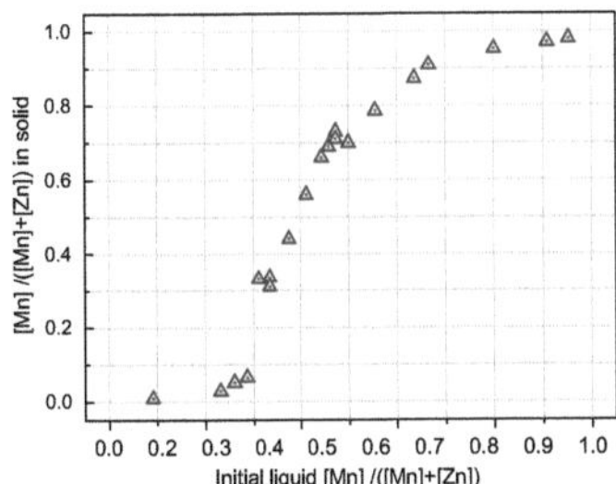

Fig. 1. Mn/(Mn+Zn) molar fraction present in the solid film as a function of Mn/(Mn+Zn) molar fraction in the starting solution.

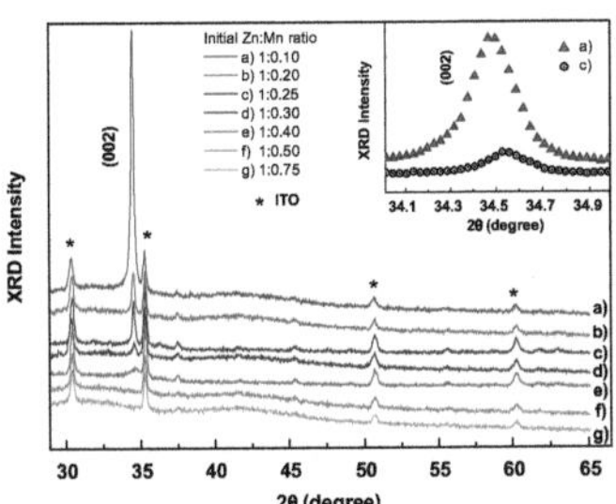

Fig. 2. XRD spectra of ZnMnO thin films obtained for different Zn:Mn ratios in the starting solution. Peaks belonging to different orientations of ITO are identified with asterisk (*).

Mn the films become amorphous. This is related to the solubility limit of Mn in ZnO lattice obtaining $Zn_{0.9}Mn_{0.1}O$ with crystalline wurtzite structure.

Fig. 3 shows the temperature dependence of magnetization performed on a film with Mn/(Zn+Mn) = 0.95 in an applied field of 100 G, between 4 and 50 K, using zero-field cooling (ZFC) and field-cooling (FC) procedures. ZFC and FC curves reveal a ferrimagnetic transition around 38 K, which corresponds with the reported value of bulk Mn_3O_4 transition temperature, T_c [14,15]. This result permits to infer that ferrimagnetic Mn_3O_4 tends to be formed when only Mn is added to the initial bath. Magnetic measurements on samples with lower Mn content do not provide any clear evidence of the magnetic properties of the films.

Attempts to quantify the oxygen amount present in the solid films by EDS were unsuccessful due to three main reasons: (a) presence of oxygen in the ITO layer as well as in the glass substrate, (b) low molecular mass of oxygen, (c) the fact that 20 keV electrons used in EDS explore a bulk region that surpass the thickness of electrodeposited layers. Dissimilar to EDS, X-ray photoelectron spectroscopy only explores the surface of the film and can be used for quantifying the composition of the films. Table 1 shows the atomic percentage obtained from XPS on a film with Mn/(Zn+Mn) = 0.9 (measured by EDS) as well as the molecular formula deduced from it. The calculated molecular formula for the film is $Zn_{0.33}Mn_{2.75}O_4$, which agrees with the conclusion inferred from magnetic measurements. On the other hand, the Mn/(Zn+Mn) ratio obtained from XPS measurements yields a value of 0.894, which is very close to the value calculated from EDS.

Fig. 4 shows the transmittance spectra of ternary films with different concentrations of Mn. For low Mn concentrations, the transmittance is similar to that of ZnO, but when the Mn concentration increases the fundamental absorption edge loses its abruptness, becomes continuously deformed and shifts to higher wavelengths. The transition followed by the transmittance, when Mn increases, is similar to that observed in the crystalline structure of $Zn_{1-x}Mn_xO$ films, in the sense that the ZnO absorption edge is preserved as long as the wurtzite structure remains. The slight shift of the absorption edge observed for low Mn concentrations is attributed to the increase of the energy band gap, due to the Mn incorporation in the ZnO lattice [12,13]. In films where the concentration of Mn reach such a value that the wurtzite structure of ZnO is not observed, the absorption edge changes considerably. Curve (g) in Fig. 4 corresponds to the transmittance of a film with an Mn_3O_4 composition synthesized in absence of Zn. Curves d–f in Fig. 4 show the transition of the transmittance between $Zn_{1-x}Mn_xO$ films with wurtzite structure and Mn_3O_4.

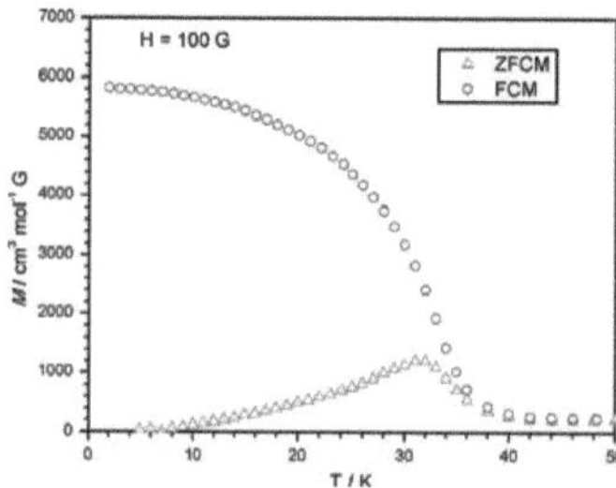

Fig. 3. Field cooling (FC) and zero-field cooling (ZFC) magnetization curves of $Zn_iMn_yO_z$ with an Mn molar fraction in the solid Mn/(Zn+Mn) = 0.95 obtained under an applied field of 100 G.

Table 1
Chemical composition of a film with Mn/(Zn+Mn) = 0.9

	Zn (at%)	Mn (at%)	O (at%)
From XPS	4.6	38.9	56.6
Molecular formula	0.33	2.75	4

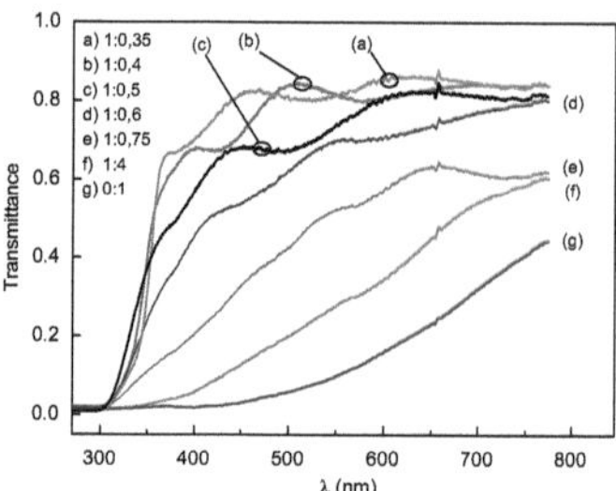

Fig. 4. Transmittance spectra of ZnMnO samples with different Zn:Mn ratios in the starting solution.

According to our results, it can be deduced that $Zn_{1-x}Mn_xO$ compounds obtained for low Mn contents change to $Zn_{1-x}Mn_xMn_2O_4$ when Zn is progressively substituted by Mn until obtaining Mn_3O_4 ($MnMn_2O_4$).

4. Conclusions

Ternary $Zn_xMn_yO_z$ films have been grown by cathodic electrodeposition at 90 °C and at atmospheric pressure. The films are quite homogeneous and very transparent with light brown colours for the samples. Films with final Mn/Zn ratios less than 10% exhibit the typical wurtzite structure of ZnO with a unique orientation along the (0 0 2) direction. Mn incorporation into ZnO lattice produces a progressive deformation crystalline structure. For Mn concentrations higher than 10%, ZnO lattice is no longer maintained and the films seem to be amorphous. Magnetic measurements reveal that Mn_3O_4 is formed when no Zn is added into the starting bath. The fundamental absorption edge for films with low Mn content is very similar to that of ZnO as long as the wurtzite structure is maintained and Mn atoms are incorporated into the ZnO lattice. As Mn content in films increases, absorption edge becomes less abrupt, shifts to longer wavelengths and tends to that of Mn_3O_4.

Acknowledgements

This work was supported by the Spanish Government MEC through grant MAT2006-02279.

References

[1] E. Chikoidze, Y. Dumont, H.J. von Bardelebenm, W. Pacuski, O. Gorochov, Superlattices Microstruct. 42 (2007) 176.
[2] J.K. Furdyna, J. Dossut, Semiconductors and Semimetals, vol. 25, Academic Press, New York, 1988, p. 470.
[3] Th. Pauporté, A. Goux, A. Kahn-Harari, N. De Tacconi, C.R. Chenthamarakshan, K. Rajeshwar, D. Lincot, J. Phys. Chem. Solids 64 (2003) 1737.
[4] J. Cembrero, A. Elmanouni, B. Hartiti, M. Mollar, B. Marí, Thin Solid Films 451 (2004) 198.
[5] B. Marí, F.J. Manjón, M. Mollar, J. Cembrero, R. Gómez, Appl. Surf. Sci. 252 (2005) 2826.
[6] B. Marí, J. Cembrero, M. Mollar, M. Tortosa, Phys. Status Solidi (C) 5 (2008) 555.
[7] M. Tortosa, M. Mollar, B. Marí, Phys. Status Solidi, 2008, in press, doi:10.1002/pssc.200779433.
[8] H. Ishizaki, N. Yamada, Electrochem. Solid-State Lett. 9 (2006) C178.
[9] M. Tortosa, M. Mollar, B. Marí, J. Crystal Growth 304 (2007) 97.
[10] D. Gal, G. Hodes, D. Lincot, H.W. Schock, Thin Solid Films 79 (2000) 361–362.
[11] R. Jayakrishnan, G. Hodes, Thin Solid Films 19 (2003) 440.
[12] A.I. Savchuk, V.I. Fediv, S.A. Savchuk, A. Perrone, Superlattices Microstruct. 38 (2005) 421.
[13] T. Fukumura, Z. Jin, A. Ohtomo, H. Koinuma, M. Kawasaki, Y. Matsumoto, H. Koinuma, Appl. Phys. Lett. 78 (1999) 2700.
[14] K. Dwight, N. Menyuk, Phys. Rev. 119 (1960) 1470.
[15] G. Srinivasan, M.S. Seehra, Phys. Rev. B 28 (1983) 1.

Optical Materials 32 (2010) 1423–1426

Contents lists available at ScienceDirect

Optical Materials

journal homepage: www.elsevier.com/locate/optmat

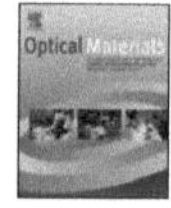

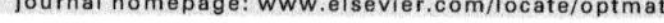

Electrodeposited ZnCdO thin films as conducting optical layer for optoelectronic devices

B. Marí [a,*], M. Tortosa [a], M. Mollar [a], J.V. Boscà [a], H.N. Cui [a,b]

[a] Departament de Física Aplicada, Universitat Politècnica de València, Camí de Vera s/n, 46022 València, Spain
[b] College of Physics, Jilin University, 2519 JieFangDaLu Road, 130021 Changchun, China

ARTICLE INFO

Article history:
Received 30 July 2009
Received in revised form 28 April 2010
Accepted 10 May 2010

Keywords:
ZnO
TCO
Optical window
Electrodeposition

ABSTRACT

Ternary alloy compound ZnCdO has great potential applications as Transparent Conducting Oxide for optoelectronic devices due to both its low roughness which permits to enhance the transmittance of the optical window and the high conductivity of the thin film. In this work, we report on ZnCdO thin films synthesized by the electrodeposition technique and the influence of the Cd content on the structural, electrical and optical properties of ZnCdO layers. The surface roughness of the Fluor Tin Oxide (FTO) film appears to change after depositing the ZnCdO layer. The present results demonstrate that the electrodeposition method is an effective technique to obtain ternary ZnCdO films (with Cd content between 1% and 9%) having the crystal structure of pure ZnO in hexagonal phase (0 0 2), transmittance higher than commercial FTO layers and high conductivity.

1. Introduction

Transparent Conducting Oxides (TCOs) are well suited to be used as transparent and conducting optical layers in optoelectronic devices. Main requirements of good conductivity and transparency are needed for these applications. Thin films of zinc oxide find a number of important applications being specially suited to solar cells [1–3]. The addition of Cd into the ZnO lattice results in an improvement of the characteristics of the ternary ZnCdO to be used as TCO, due to its better transmittance and lower resistivity of the films [4]. Both characteristics are of crucial importance in photovoltaic solar cells where incoming sun photons have to be efficiently harvested by the absorbent layer located below the TCO layer. So the maximum fraction of photons has to the transmitted through the TCO layer to reach the absorber. Further, any increase of the serial resistance results in a drop of the device efficiency therefore high conductivity is essential for TCO layers.

Several techniques to obtain ZnCdO films can be found in literature. Growth techniques such as vapour phase deposition [5], molecular beam epitaxy (MBE) [6], pulsed laser deposition (PLD) [7,8], reactive magnetron sputtering [9,10], thermal evaporation [11] and even cathodic electrodeposition [12] have been used to obtain ZnCdO alloys.

Recently, electrodeposition has appeared as an alternative candidate for oxide thin film deposition [13,14]. This technique presents some interesting advantages: (a) deposition occurs at low temperature and at atmospheric pressure, avoiding diffusion between adjacent layers, (b) film thickness can be directly monitored through the charge consumed during the deposition process, (c) high deposition rates can be achieved and finally, (d) the equipment is not expensive. The main restriction is that only conducting substrates can be used [15]. Regarding industrial applications electrodeposition still possess additional features; it is relatively easily scalable and cost effective as it is a nonvacuum, low temperature method.

In this work, we report on the synthesis and characterization of the ternary ZnCdO by means of electrodeposition from non-aqueous solvents. This kind of solvents like dimethylsulfoxide (DMSO) improves the quality of the films. For aqueous solutions, the depositions will be accompanied with the formation of hydroxide, which can degrade the quality of the films [15,16]. The optical and electrical properties of electrodeposited ZnCdO films are studied in order to test the capability of this ternary oxide to be used in optoelectronic devices. The influences of Cd contents on the structural, electrical and optical characterizations of $Zn_{1-x}Cd_xO$ thin films will be discussed. The variation of the surface morphology of the FTO substrate with the deposited ZnCdO layer is followed by AFM images as well as its influence on the transmittance of the films. Finally, the conductivity of the films appears to be related to the Cd incorporation in the ZnO lattice.

2. Experimental details

To obtain $Zn_{1-x}Cd_xO$ alloy films an electrodeposition procedure is used. This method needs a three electrode electrochemical cell

* Corresponding author.
E-mail address: bmari@fis.upv.es (B. Marí).

0925-3467/$ - see front matter © 2010 Elsevier B.V. All rights reserved.
doi:10.1016/j.optmat.2010.05.009

containing a DMSO solution of 25 mM $ZnCl_2$, different concentrations of $CdCl_2$, 0.1 M $KClO_4$ as supporting electrolyte and dissolved oxygen [16–18]. The substrate used is glass coated with F-doped polycrystalline SnO_2 (FTO). Substrates with sheet resistances of 9 Ω/square were cleaned with acetone and distilled water and set up as working electrodes. Substrates were located near the referential cathode at approximately 1 cm. A potentiostat/galvanostat was used to keep a constant potential during the deposition (V = −0.9 V). The temperature was maintained at 90 °C during all the deposition process. After deposition, the films were subsequently rinsed with DMSO, distilled water and acetone.

For structural characterization it has been measured by a high-resolution X-ray diffraction (XRD) in the θ–2θ configuration with a copper anticathode (Cu Kα, 1.54 Å). Optical properties were monitored by transmittance using a Xe lamp in association with a 500 mm Yvon-Jobin HR460 spectrophotometer using back-thinned CCD detector optimized for the UV–vis range. The surface morphology of the films was observed by using an atom force microscope (AFM). The resistivity was measured by the four points method.

3. Results and discussion

Fig. 1 shows the X-ray diffraction pattern of the electrodeposited $Zn_{1-x}Cd_xO$ films for different Cd contents. The diffraction peaks were identified as belonging to both the $Zn_{1-x}Cd_xO$ film and the FTO substrate. The pattern associated with the electrodeposited layer is similar to that of ZnO and reveals a hexagonal wurtzite structure. The preferred growth orientation for the $Zn_{1-x}Cd_xO$ films is by far the (0 0 2) direction. The rest of crystal directions only appears with very low intensities. The best crystallization, indicated by the narrowest 0 0 2 peak as well as by the orientation in this direction (ratio between the 0 0 2 peak and the others), is achieved for a cadmium content of 6%. Higher concentration of Cd progressively reduces the crystallinity. No peaks corresponding to cubic CdO have been found for all the ternary ZnCdO layers, therefore the Cd should be completely incorporated into the ZnO lattice and other cadmium complexes, if present, are under the detection limit of the XRD.

As known, the film optical properties are strongly related to their morphology and smoothness. The good crystallization reached by ternary ZnCdO layers and particularly for that of 6% Cd leads to a very good value of the transmittance [20]. Fig. 2 shows the transmittance spectrum of the FTO covered glass obtained by dividing the transmitted intensity through the set by the incident intensity (curve a). Once the ternary ZnCdO layer is deposited onto the FTO covered glass an augment of the transmittance in the visible part of the spectrum can be appreciated clearly. Samples are now more transparent. In Fig. 2 the transmittance (curve b) of the new set composed by ZnCdO/FTO/glass obtained with respect the incident light is also shown. As can be seen the transmittance increases when the ZnCdO layer has been added in such a way that adding a new layer enhances the overall transmittance. This is related to the good quality of the ZnCdO films. The high optical quality of the films is testified by transmittance values of the ZnCdO films which are higher than that of the FTO substrates between 360 and 700 nm.

In fact some authors have already reported electrodeposited films of ZnO with very good optical properties revealed by trans-

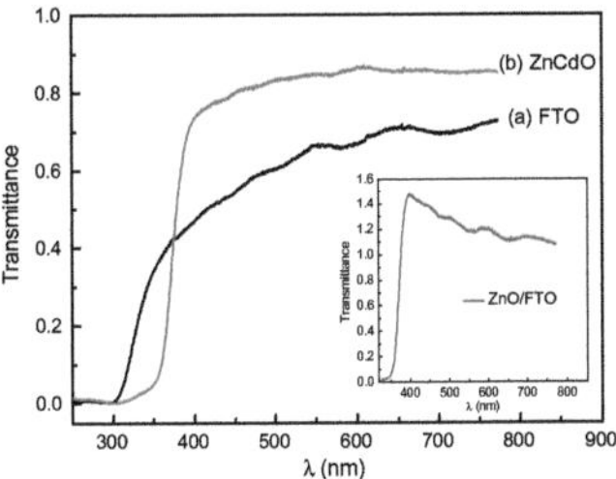

Fig. 2. Transmittance of the FTO substrate (curve a) and the $Zn_{1-x}Cd_xO$ layer (curve b). They are referred to the lamp intensity. The inset represents the relative transmittance calculated as the ratio between the transmittance of $Zn_{1-x}Cd_xO$/FTO/glass against the FTO/glass substrate.

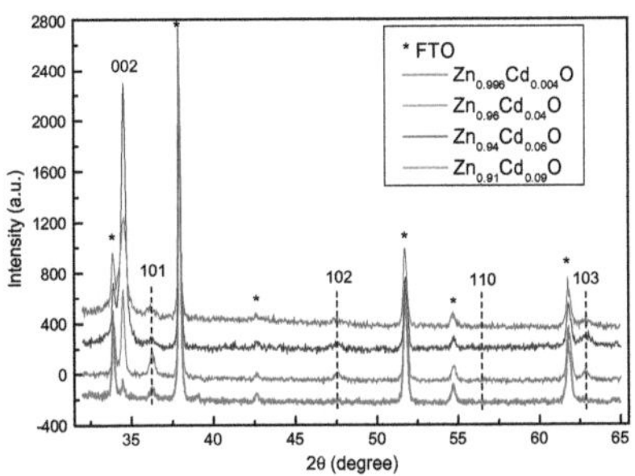

Fig. 1. XRD 2θ scan diagram of ZnCdO alloy films deposited on FTO covered glass. The spectrum shows the presence of the (0 0 2) preferred hexagonal wurtzite orientation. Peaks belonging to different orientations of FTO are identified with (*).

mittance values higher than 100%, which actually means that the transmittance of ZnO/SnO_2/glass is higher than that of the SnO_2/glass reference [18,19]. As in our case this result was ascribed to the fact that ZnCdO surfaces are smoother and less light scattering comparing with the SnO_2/glass reference used in the optical transmission measurements.

The inset of Fig. 2 represents the transmittance spectrum of an electrodeposited $Zn_{0.94}Cd_{0.06}O$ alloy film obtained by the ratio between ZnCdO/FTO/glass and the FTO/glass substrate. This is the standard method for calculating the transmittance of thin film and, in this case, it gives transmittances higher than 100% in the visible zone. The true meaning of this result is that the addition of the ZnCdO layer produces an enhancement of the transmittance when it is compared with that of the substrate (FTO/glass). This fact should be related with an improvement of the flatness of the initial layer when the ZnCdO layer is electrodeposited.

To prove this hypothesis the morphology of the surfaces of these films were obtained by AFM. Fig. 3 shows the AFM micrographs of two surfaces corresponding to the FTO layer on glass used as substrate and the ZnCdO layer electrodeposited over it. The AFM micrographs reveal that the FTO surface becomes smoother when the ZnCdO is deposited. Consequently, the roughness parameter, which indicates the deviation of the surface with respect to a perfect plane, is higher for the FTO layer (39 nm) than for ZnCdO (24 nm). The growth of the ternary alloy takes place by filling the voids of the FTO substrate which results in a smoother surface.

Fig. 4 shows the specular and diffuse reflectance spectra for the FTO/glass substrate and $Zn_{1-x}Cd_xO$ layer on FTO/glass. Both were obtained by comparing with the standard mirror and white plate respectively. The intensity of the specular reflectance (Fig. 4a) is slightly higher for $Zn_{1-x}Cd_xO$/FTO/glass compared with FTO/glass. It means that the surface of $Zn_{1-x}Cd_xO$ layer on FTO/glass is smoother than the substrate FTO/glass. The interference fringes are used to calculate the thicknesses of the films. The thickness of the electrodeposited films depends on the deposited charge so that the higher the deposited electrical charge the more thick the film. In this case the rate growth of the ZnCdO film is found to be about 2.7 μm/h [18] which is close to the theoretical value and indicates that the process is quite effective and has slight loses.

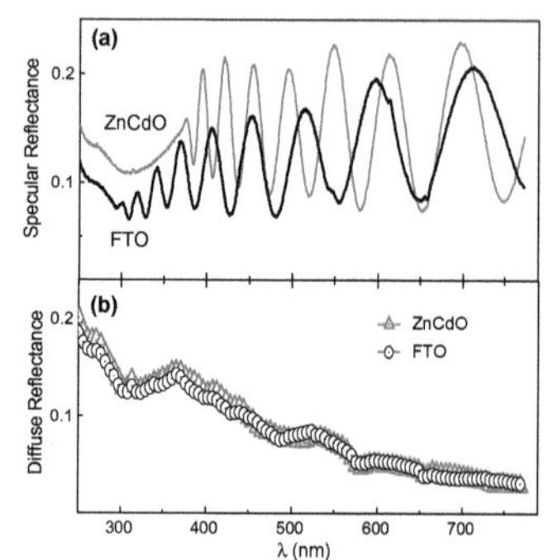

Fig. 4. Specular (curve a) and diffuse (curve b) reflectances of a ZnCdO layer compared with a glass substrate coated with FTO.

The diffuse reflectance displayed in Fig. 4b does not shows any noticeable difference between $Zn_{1-x}Cd_xO$ and FTO surfaces. Even if the $Zn_{1-x}Cd_xO$ layer growth tends to fill the voids of the FTO substrate producing a smother external surface, the diffuse reflectance is mainly related to grain frontiers present inside the overall bilayer which mainly are due to the structure of FTO. So the ZnCdO layer contribution to the diffuse reflectance is small and diffusion light processes are mainly related to the grain frontiers of FTO layer.

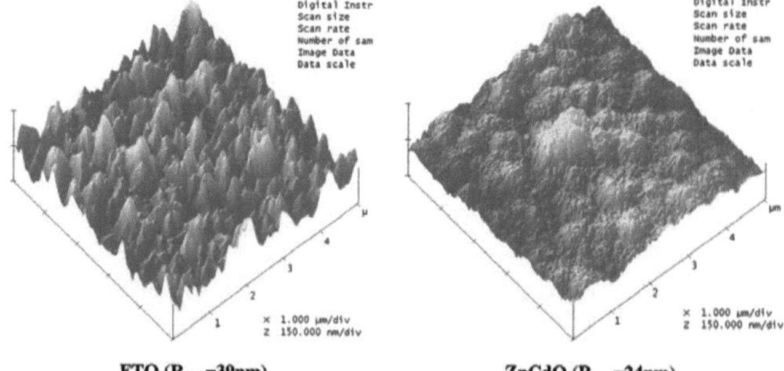

Fig. 3. AFM micrographs of the FTO substrate and a $Zn_{1-x}Cd_xO$ film deposited on it.

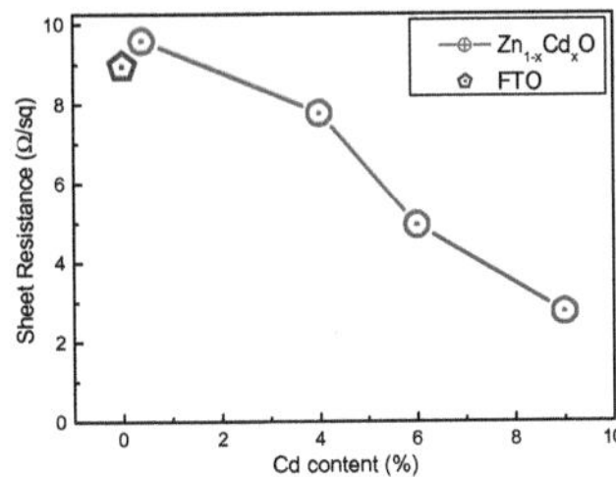

Fig. 5. Relation between sheet resistance and cadmium content of $Zn_{1-x}Cd_xO$ films.

Fig. 5 shows the resistance measured by using the four points method for several ZnCdO films with different amounts of Cd. ZnCdO films have identical thicknesses which were reached by depositing an electrical charge of 1 C for all films. Even if this is an approximate method for obtaining the resistance of the layer because there are two conductive layers, the measured values for the resistance can always be compared among them. The trend is that the resistance of the ZnCdO layers decreases when the amount of Cd increases in the film and is lower than that of FTO layer alone.

4. Conclusions

Electrodeposited $Zn_{1-x}Cd_xO$ films are well suited to be used as conducting optical windows in optoelectronic devices due to the high transparency and low conductivity of the films. XRD spectra show that the electrodeposited $Zn_{1-x}Cd_xO$ films exhibit a wurtzite structure with a preferred orientation in the (0 0 2) direction similar to electrodeposited ZnO. About optical properties it is observed that the $Zn_{1-x}Cd_xO$ thin films have good transmittance in the visible spectral range. The transmittance of these films calculated against that of FTO is over 100% due to the decrease of the surface roughness produced by the ZnCdO deposition. The AFM images confirm the substrate surface changes when the film is deposited what explains the transparency increment. The electrical studies reveal that the sheet resistance is improved while increasing the Cd content of the ZnCdO layers.

Acknowledgements

This work was supported through Spanish Government MCI Grant MAT2009-14625-C03-03. One of the authors H. Cui acknowledges the MCI (SB2005-0134) for financial support.

References

[1] T. Yoshida, D. Komatsu, N. Shimokawa, H. Minoura, Thin Solid Films 451–452 (2004) 166.
[2] Y. Leprince-Wang, A. Yacoubi-Ouslim, G.Y. Wang, Microelectronics Journal 36 (2005) 625.
[3] C. Lévy-Clément, A. Katty, S. Bastide, F. Zenia, I. Mora, V. Muñoz-Sanjosé, Physical E 14 (2002) 229.
[4] S. Sadofev, S. Blumstengel, J. Cui, J. Puls, S. Rogaschewski, P. Schäfer, F. Hennerberger, Applied Physics Letters 89 (2006) 201907.
[5] F. Wang, Z. Ye, D. Ma, L. Zhu, F. Zhuge, Journal of Crystal Growth 283 (2005) 373.
[6] K. Sakurai, T. Takagi, T. Kubo, K. Kajita, T. Tanabe, H. Takasu, S. Fujita, Journal of Crystal Growth 514 (2002) 237.
[7] S.Y. Lee, Y. Li, J.-S. Lee, J.K. Lee, M. Nastasi, S.A. Crooker, A.X. Jia, H.-S. Kang, J.-S. Kang, Applied Physics Letters 85 (2004) 2.
[8] H.S. Kang, S.H. Lim, J.W. Kim, H.W. Chang, G.H. Kim, J.-H. Kim, S.Y. Lee, Y. Li, J.-S. Lee, J.K. Lee, M.A. Nastasi, S.A. Crooker, Q.X. Jia, Journal of Crystal Growth 287 (2006) 70.
[9] D.W. Ma, Z.Z. Ye, L.L. Chen, Physica Status Solidi (a) 201 (2004) 2929.
[10] D.W. Ma, Z.Z. Ye, J.Y. Huang, L.P. Zhu, B.H. Zhao, J.H. He, Materials Science and Engineering B 111 (2004) 9.
[11] F.Z. Wang, H.P. He, A.A. Ye, L.P. Zhu, Journal of Applied Physics 98 (2005) 084301.
[12] G. Yogeeswaran, C.R. Chenthamarakshan, A. Seshadri, N. De Tacconi, K. Rajeshwar, Thin Solid Films 515 (2006) 2464.
[13] X. Han, R. Liu, Z. Xu, Thin Solid Films 517 (2009) 5653.
[14] Th. Pauporté, A. Goux, A. Kahn-Harari, N. De Tacconi, C.R. Chenthamarakshan, K. Rajeshwar, D. Lincot, Journal of Physics and Chemistry of Solids 64 (2003) 1737.
[15] Y.L. Liu, Y.C. Liu, Y.X. Liu, D.Z. Shen, Y.M. Lu, J.Y. Zhang, X.W. Fan, Physica B 322 (2002) 31.
[16] D. Gal, G. Hodes, D. Lincot, H.-W. Schock, Thin Solid Films 361 (2000) 78.
[17] R. Jayakrishnan, G. Hodes, Thin Solid Films 440 (2003) 19.
[18] M. Tortosa, M. Mollar, B. Marí, Journal of Crystal Growth 304 (2007) 97.
[19] A. Goux, T. Pauporté, J. Chivot, D. Lincot, Electrochimica Acta 50 (2005) 2239.
[20] J. Cembrero, A. Elmanouni, B. Hartiti, M. Mollar, B. Marí, Thin Solid Films 451 (2004) 198.

Printed by Books on Demand GmbH, Norderstedt / Germany